KATHARINA RESCHKE

PIA UND POPPY

und das Rätsel um den Seelöwen

Mit Bildern von
Anne-Kathrin Behl

cbj

Bei diesem Buch wurden die durch das verwendete Material und die Produktion entstandenen CO_2-Emissionen ausgeglichen, indem der cbj Verlag ein Projekt zur Aufforstung in Brasilien unterstützt.
Weitere Informationen zu dem Projekt unter:
www.ClimatePartner.com/14044-1912-1001

FSC www.fsc.org MIX Papier aus verantwortungsvollen Quellen FSC® C014496

Wir produzieren Klimaneutral ClimatePartner.com/14044-1912-1001 Druckprodukt

Penguin Random House Verlagsgruppe
FSC® N001967

Für Maya, Emily und Dominic

1. Auflage 2021

Umschlaggestaltung: Kathrin Schüler
Umschlag- & Innenillustrationen: Anne-Kathrin Behl
Textredaktion: Katja Korintenberg
TP • Herstellung: UK
Satz: KompetenzCenter, Mönchengladbach
Druck: GGP Media GmbH, Pößneck
ISBN 978-3-570-17689-4
Printed in Germany

www.cbj-verlag.de
Dieses Buch ist auch als E-Book erhältlich.

1

Von der Nachmittagssonne golden angestrahlt, leuchteten die Gebäude der Chestnut Street heute besonders hell und farbenfroh. Pia ließ ihren Blick über den wolkenlosen Himmel zu den Holzhäuschen auf der anderen Straßenseite gleiten. Genau eine Woche war es her, dass sie und ihre Eltern aus Leipzig hierher nach San Francisco zu Besuch gekommen waren, und sie konnte sich nach wie vor nicht sattsehen an den lustigen kleinen Gebäuden, die diese Stadt so niedlich wirken ließen.

»Hey, nicht aus dem Fenster glotzen. Kekse probieren!«, holte sie eine Stimme zurück in den Laden ihrer Großmutter *Tasty Cookies*.

Poppy Williams saß neben Pia am Tisch und hielt

ihr ein Plätzchen vor die Nase. »Cornflakes-Marshmallow mit Fudge-Stückchen. Wenn du mich fragst, könnte das mein absoluter Lieblingskeks werden.« Verschmitzt zwinkerte sie Pia zu. Und ehe die nach dem Gebäck greifen konnte, steckte Poppy es sich einfach selbst in den Mund. »*Mhhhmmmm*. Fünf-Sterne-oberlecker!«

Empört stieß Pia sie an. »Hey! Das war der letzte von der Sorte.« Doch dann musste sie, wie die Anderson-Zwillinge Olivia und Alfie, die Pias Großmutter Maple ebenfalls eingeladen hatte, lachen. Denn Poppys Mund war voller Fudge-Soße, und es sah aus, als habe sie einen Bart.

»Fünf-Sterne-oberkomisch«, kicherte Alfie und schoss mit seinem Smartphone ein Foto. »Poppy Williams mit Schokoschnäuzer.«

»Ich hoffe, ihr vergesst eure Bewertungen nicht«, rief Oma Maple und kam mit Papier und Stift aus ihrer Backstube. »Ihr wisst ja, es sollen nur die Besten in meinem Rezeptbuch landen.«

Pias Großmutter arbeitete mit an einem Keksbackbuch. *Tasty Cookies* sollte es heißen, *Köstliche Kekse* auf Deutsch. Während sie die Rezepte beisteuerte, die ihren Laden so berühmt machten, kümmerte sich Pias Mutter Allison um die Gestaltung und Bilder.

Die Aufgabe von Pia, Poppy und den Zwillingen lag darin, festzulegen, welche Sorten die leckersten waren.

Gar nicht leicht. Denn sie schmeckten alle fantastisch.

»Na, dann mal her mit dem Bewertungsbogen.« Poppy griff nach Formular und Stift und begann loszuschreiben.

»Halt! Ich muss dazu erst alle noch mal durchprobieren«, verkündete Alfie und zog den Keksteller zu sich heran.

»Mann, Alfie, gib die wieder zurück! Dir platzt doch jetzt schon fast das Hemd.« Olivia versuchte nach dem Teller zu langen, doch ihr Bruder dachte gar nicht daran, ihn wieder herzugeben. Stattdessen stopfte er sich nun möglichst viele auf einmal in den Mund. »Fönf Störne för Haselnoss-Schoko-Krokant ond Schoko pur.«

Olivia verdrehte die Augen und hielt dagegen: »Cornflakes-Karamel-Nougat: fünf Sterne! Ebenso Zitrone-Himbeer mit Schoko-Glasur.«

So ging es im Sekundentakt weiter, und Poppy

kam kaum mit dem Schreiben hinterher, da auch Pia ihre Lieblingssorten aufzählte. Keine fünf Minuten später war der Zettel ausgefüllt und Poppy rief: »Ihr Backbuch ist fertig, Mrs. Maple, mit zwanzig unschlagbaren Gewinner-Sorten.«

Da Olivias und Alfies besorgte Eltern die Zwillinge nur unter der Bedingung hatten mitgehen lassen, dass sie ganz sicher mit dem Auto von ihrer Haustür zu Oma Maples Laden und wieder zurück gefahren wurden, setzte Pias Mutter sie direkt vor dem kleinen Tor in ihrer Straße ab.

»Danke, Mrs. Blau!« »Tschüüüüss!«, riefen die zwei.

Pia und Poppy stiegen ebenfalls aus, denn sie wollten sich noch in Ruhe voneinander verabschieden. »Ich komme gleich nach, Ma«, rief Pia.

Kaum war das Auto verschwunden, drehte sich Poppy auf dem Absatz um und fragte: »Wie sieht's aus? Wollen wir morgen an den Strand? Ich hab 'nen supertollen Drachen aus Chinatown. Den könnten wir steigen lassen und danach ein Picknick machen.« Ihre Augen blitzten abenteuerlustig.

»Gerne«, entgegnete Pia und schaute fragend zu den Anderson-Zwillingen. Die legten jedoch die Finger auf die Lippen und machten Zeichen in Richtung der Überwachungskameras, die über ihnen aus der Hecke lugten.

»Mal schauen«, flüsterte Olivia.

Und Alfie setzte nach: »Alleine am Meer finden unsere Eltern eher nicht so lustig.«

»Jede Wette, ihr kriegt das hin?« Poppy stieß sie mit einem forschen Zwinkern an. »Müsst ja nicht sagen, dass ich dabei bin.« Sie kicherte und hob zu Pia gewandt die Hand. »Bis morgen Pia, *Howgh*.«

»*Howgh*, Poppy.«

Der Gruß der amerikanischen Ureinwohner, Poppys Vorfahren, gehörte mittlerweile zu ihrer Begrüßung. Meistens bedeutete er »alles klar«. Manchmal machte Poppy damit aber auch deutlich: »*Howgh*, ich, Poppy Williams, habe entschieden.«

Pia schaute ihr mit einem Grinsen auf den Lippen hinterher, wie sie den Hügel hinab zu ihrem Haus mit den aufgemalten Blumen hüpfte. Wie immer war Poppy ohne Schuhe unterwegs und ihr knielanges T-Shirt mit den bunten Tupfen flatterte im Wind.

»Olivia! Alfie!«

Pia und die Zwillinge fuhren herum. Die Stimme kam vom Haus der Andersons.

»Seid ihr heil zurück? Warum kommt ihr denn nicht rein?« Die Mutter der Zwillinge klang beunruhigt, und die beiden nickten Pia eilig zu. Dann öffneten sie das Tor und riefen: »Alles gut, Mommy. Wir haben uns nur noch von Pia verabschiedet.« »Frau Blau hat uns direkt bis vor die Tür gefahren und es ist uns nichts passiert.«

Halb belustigt, halb mitleidig schaute Pia den beiden nach, wie sie in ihrer ordentlich gebügelten Kleidung zum Haus liefen.

Sie hatte echt Glück, dass ihre Eltern sich nicht so viele Sorgen machten. Zumindest keine so übertriebenen.

Schnell setzte sie ihren Weg fort und lief den Hügel hinauf zur *Villa Futura*.

2

Wie ein hypermodernes Raumschiff thronte die Villa von Harry Booker am Ende der Straße. Auf dem Dach stand zwischen den Windrädern Pias Vater Karsten. »Ich kann hier nichts sehen. Es ist alles dunkel!«, sprach er in seine Armbanduhr und beugte sich über den Kaminschlot. »Roger.«

Pia schüttelte den Kopf. Ihr Vater und Professor Grey, der der Erfinder der Villa war, hatten sich gestern neue Uhren zugelegt. Offenbar nutzten sie sie nun als Funkgerät. Pia wusste, dass das Wort *Roger* das Ende einer Durchsage markierte.

»Ich lasse jetzt die Kamera im Kamin aufsteigen. Roger«, vernahm sie aus Karstens Armbanduhr die Stimme des Professors.

»Alles klar. Roger.«

Scheinbar gibt's wieder ein Problem, mutmaßte Pia und lief ins Haus, um zu sehen, was es war.

Vor zwölf Tagen hatte ihr Vater die Einladung von Harry Booker, der ein Freund von Oma Maple war, erhalten. Er bat darum, dass Karsten in den Sommerferien nach San Francisco kam, um zu helfen, die futuristische Villa zu vollenden. Denn Pias Vater war Programmierer, und das Besondere an Bookers Haus war, dass drinnen wie draußen alles elektronisch funktionierte.

Ohne Pias Zutun öffnete sich die Eingangstür, da die Kamera darüber ihr Gesicht erkannte. Und in der Diele tauschte eine Maschine ihre Schuhe gegen Pantoffeln aus. Wenn sie wollte, konnte sie sich zudem von einem Roboterarm die Hände säubern lassen.

Die Erfindungen stammten alle von Professor Grey.

Allerdings funktionierte leider noch nicht alles, wie es sollte. So bestellte der Kühlschrank dauernd via Internet neue Lebensmittel im Supermarkt, obwohl er bis oben hin gefüllt war. Und die Sandwichmaschine *Sandy* warf mit Erdnussbutter-Broten um sich. Die Toilettenspülungen benahmen sich wie Springbrunnen, und in Pias Zimmer verstreute der vollautomatische Schrank *Molly* die Kleidung im ganzen Raum, anstatt sie in die Schubladen zu legen.

Pia ahnte, dass es noch eine ganze Weile dauern würde, bis ihr Vater und Professor Grey alle Probleme gelöst hatten.

»Können Sie jetzt etwas sehen, Karsten? Roger.« Der Professor kniete im Wohnzimmer vor dem Kamin. Neben ihm lag das Verpackungsmaterial seiner neuen Kamera, die er zusammen mit den Uhren erworben hatte. Er hielt sie an einem ausfahrbaren Stab in den Schlot.

»Nein. Immer noch alles dunkel. Roger«, kam es von Karsten aus Greys Uhr zurück.

»Was ist denn los?«, fragte Pia und trat näher.

»Hey, guten Tag, junge Dame!« Der Professor blickte erfreut auf. »Irgendwas blockiert den Kaminabzug. Wir haben noch keine Ahnung, was es ist.«

»Kann ich helfen?«

»Im Moment nicht, danke. Ich hoffe, meine neue Kamera lüftet das Geheimnis schnell.«

Pia nickte. Am Vorabend hatte der Professor ihnen gezeigt, was man mit dem Aufnahmegerät alles machen konnte. Sowohl in der Luft als auch unter Wasser.

»Wenn ich was tun kann, rufen Sie einfach«, ließ sie ihn wissen und setzte ihren Weg in ihr Zimmer fort.

Sie hatte gerade die Mitte der Treppe erreicht, da rief ihr der Professor hinterher: »Ach, doch. Da ist was, was du tun kannst. Wir haben deinen Badezimmerspiegel neu programmiert. Vielleicht willst du ihn mal ausprobieren. Sein Name ist *Looky.*«

Das Wort war von *Look* abgeleitet, was auf Englisch *Blick* bedeutete.

»Mach ich«, versprach Pia und flitzte los.

Pias Badezimmer lag im ersten Stock, direkt gegenüber von ihrem Zimmer. Sobald sie es betrat, ging das Licht automatisch an, und sie sah am Spiegel ein blaues Lämpchen blinken. Es bedeutete, dass sich das Gerät im Ruhemodus befand.

»Hi, Looky«, sagte Pia.

Auf dem Spiegelglas leuchtete ein Smiley-Gesicht auf.

»Hi, Pia«, antwortete es ihr mit einer piepsigen Kinderstimme und bewegte dabei die Lippen, »wie schön, dich zu sehen.«

Pia kicherte. »Deine Stimme klingt komisch. Hast du auch eine andere?«

»Ich weiß nicht, was *komisch* bedeutet, aber ich nehme es als Kompliment. Und, ja, meine Stimmung ist gut, danke.«

Pia lachte. »Was kannst du denn so?«

»Tut mir leid, Pia, ich habe im Moment keine Kanne hier.«

»*Tzz.*« Pia überlegte, wie sie ihre Frage eindeutiger formulieren konnte. »Was sind deine Fähigkeiten, Looky?«

»Ich weiß nicht, was du mit *Fähigkeiten* meinst, Pia.«

»Was siehst du?«, versuchte sie es noch einfacher.

»Ich sehe dich.«

»Und sonst?«

»Ich weiß nicht, ob das Wetter warm genug ist, um sich zu sonnen, aber ich kann gerne mal die Vorhersage abrufen.«

Das Smiley verschwand und es erschien eine Wetterkarte auf der Glasfläche. Sie zeigte Sonne mit Nebelwolken für die nächsten fünf Tage.

»Aha«, entgegnete Pia. »Ich glaub, mein Vater muss noch mal an dir rumprogrammieren.«

»Tut mir leid, aber ich weiß nicht, was heute auf deinem Programm steht, Pia. Ganz sicher solltest du aber mal duschen. Ansonsten gibt's Gestank«, antwortete Looky.

»Alles roger.« Pia winkte und trat zurück.

»Ich kenne keinen Roger. Soll ich nach ihm suchen?«

»Nein, danke.« Schnell schloss sie die Tür und ging in ihr Zimmer.

Sie würde ihrem Vater und Professor Grey lieber später von ihrer Erfahrung berichten. Das Kamin-Problem reichte im Moment bestimmt.

Stattdessen griff sie nach ihrem Handy und schaltete es ein. *16* neue Nachrichten! Vorfreudig kletterte sie in ihr gemütliches Schiffsbett hinauf und begann zu lesen.

Hey, Pia, wie geht's?

Die Nachrichten stammten alle von den *Sandmöven*.

Normalerweise hätte Pia den Sommer mit ihren Freundinnen und Freunden an der Ostsee in Deutschland verbracht. So wie jedes Jahr. Aber der Auftrag um die *Villa Futura* hatte die Blaus nach

San Francisco gebracht, und Pia blieb nichts anderes übrig, als sich mit den *Sandmöven* nun via Chat auszutauschen. Das Wort *Möwe* schrieben sie mit einem *v*, denn die kleine Ida hatte die Gruppe für sie eingerichtet und die Schreibweise von dem Schild an ihrem Strandhandtuch übernommen. Pia und die anderen fanden das so lustig, dass sie es dabei belassen hatten.

Gestern hat's hier den ganzen Tag geregnet 🌧 ⚡

Wir haben Monopoly gespielt und Filme geguckt. 💵 🏠 📺 🍿

Ja, Charlie Brown – wie immer, wenn's pladdert.

Morgen nehmen wir die Fähre nach Hiddensee

Schaade, das du niech dabey biest.

Der letzte Satz kam von Ida, und Pia musste grinsen. Die folgenden Nachrichten bestanden vor allem aus Fragen.

Was macht Poppy Williams?

Habt ihr etwa schon wieder was Gefährliches gemacht?

Die *Sandmöven* bezogen sich damit auf Pias Bericht, die ihnen bei ihrem letzten Telefonat erzählt hatte, wie sie Professor Grey gerettet hatten.

Kurz überlegte sie und beschloss, mit einer Sprachnachricht zu antworten. Einer, wie sie sie häufiger untereinander verschickten, und in der alles genau andersherum als in Wirklichkeit war: »Ja, wir planen in der Tat gerade was Supergefährliches. Poppy und ich ziehen heute Nacht los und rauben eine Bank aus. Vorhin mussten wir leider erst mal alle zu meiner Oma und Hundert Millionen Kekse probieren. Das war voll die Qual, sag ich euch. Total ekelig. Vor allem Schokolade-Karamell schmeckt echt fies. Süßes mag ich ja gar nicht. Morgen muss ich wahrscheinlich ans Meer. *Urgh.* Ihr wisst ja, wie sehr ich das Wasser hasse. Jede Wette, das wird der mieseste Tag in meinem Leben?« Sie musste sich ein Kichern verkneifen und setzte fort: »Wir haben hier übrigens seit gestern einen Roger im Haus. Der hängt bei uns im Kamin und furzt den ganzen Tag. Es stinkt echt grausam. Und einen bekloppten Spiegel gibt es auch. Ich glaub, die beiden werden nachts zu Geistern und verzapfen nichts als Blödsinn. Wenn Poppy und ich nach unserem Banküberfall Millionärinnen sind, geb ich Bescheid. Dann flieg ich euch alle hier rüber und wir machen zusammen jede Menge Quatsch.« Sie lachte auf. »Hey, ich vermisse euch. Bis baaaaald!«

Die *Sandmöven* würden ihre Nachricht erst am nächsten Morgen abhören. Denn in Deutschland war es durch die Zeitverschiebung Nacht, und sie schliefen jetzt. *Sicher schicken sie mir genauso eine zurück*, ahnte Pia und legte ihr Handy zur Seite, um sich in die Kissen zu kuscheln.

Die vergangenen sieben Tage kamen ihr wie ein pralles Abenteuer-Paket vor. Poppy Williams war dabei ganz klar die größte Überraschung gewesen. Es würde Pia nicht wundern, wenn die schräge Freundin aus dem Blumenhaus schon bald für neuen Wirbel sorgte. Immerhin liebte Poppy nichts mehr als unerwartete Ereignisse, Aufregung und Geheimnisse.

3

Die Straßenbahn fuhr Pia, Poppy und die Zwillinge am nächsten Tag bis in den äußersten Westen der Stadt, wo sie an der Endhaltestelle ausstiegen. Ein paar Meter weiter hinter den Sandhügeln lag der Pazifik, der Tausende Kilometer weit bis nach Australien und Japan reichte.

»Riecht ihr das Salz?«, rief Poppy begeistert. »Los, wer zuerst da ist.« Beherzt stürzte sie los und krabbelte die Düne hinauf.

»Ey, warte! Nicht so schnell«, protestierte Alfie und versuchte mit ihr Schritt zu halten. Die Zwillinge hatten es mit viel Überzeugungsarbeit geschafft, dass ihre Eltern sie an den *Ocean Beach* ließen. Allerdings hatten sie versprechen müssen, ihre Schwimmwesten immer anzubehalten. Die Handys sollten zu jeder Zeit empfangsbereit sein und auf keinen Fall durften sie dem Wasser zu nahekommen.

Das führte dazu, dass sie nun wie zwei unförmige Marsmännchen mit Fähnchen im Kragen hinter Poppy herkraxelten.

»Mann, hätten wir Mommy und Daddy doch bloß nicht gesagt, dass wir den Drachen am Strand steigen lassen«, schimpfte Olivia.

»Ja, das nächste Mal erwähnen wir das Wort *Wasser* auf gar keinen Fall«, pflichtete Alfie ihr bei.

In der Bahn hatten sie Pia und Poppy gezeigt, was in ihren dicken Schutzwesten alles verborgen war. »Unterwasseralarm, Sauerstoffmaske, GPS, Taschenlampe, eine meterhohe Fahne, und hier ist sogar ein wasserdichter Müsliriegel drin.«

Olivia zuckte hilflos mit den Achseln. »Und das, obwohl wir das goldene Schwimmabzeichen plus Rettungsschwimmerausbildung mit allem Drum und Dran haben. Hilft alles nichts, sie haben trotzdem Angst, dass uns was zustoßen könnte.«

Poppy erreichte soeben die Spitze des Hügels und breitete ihre Arme aus. »Hallo, Meer, hier kommen wir!« Sie machte einen Purzelbaum nach vorne und rollte wie eine Kugel den Hang hinunter.

»Na, warte!«, riefen Olivia und Alfie und nutzten den Moment, um an ihr vorbei in Richtung Strand zu stolpern.

Pia blieb derweil auf der Düne stehen und genoss die frische Luft und den gigantischen Blick.

So oft hatte ihre Mutter, die aus San Francisco stammte, vom Pazifik erzählt, und Pia mochte ihr nie glauben, dass die Ostsee im Vergleich *»a bathtub«* – also eine Badewanne – war. Jetzt verstand sie endlich, was genau Allison damit meinte. Es war die geballte Energie, die ihr hier entgegenwehte. Ein Wind, wie man ihn eher zu Sturmzeiten in Deutschlands Norden antraf. Und Wellen, die so laut auf den Sand klatschten, dass es einem in den Ohren dröhnte. Im Gegensatz zu Pias Lieblingsurlaubsort fand sie hier weder Strandkörbe noch Menschen, die schwimmen gingen oder sich auf ihren Handtüchern sonnten. Denn dazu war es zu kalt. Stattdessen zählte sie an dem kilometerlangen Strand gerade mal eine Handvoll Spaziergänger, die ihre Hunde ausführten, sowie hier und da ein paar Jogger. Nur auf dem Wasser gab es in dichte Anzüge gekleidete

Surfer, die in atemberaubender Geschwindigkeit über die Wellen rasten und waghalsige Wenden, Sprünge und Stürze vollführten.

»Wow«, hauchte Pia.

Es sah gefährlich aus.

»Erste, Erste, Erste!«, jubelte Poppy vom Wasser her und reckte die Fäuste.

Natürlich hatte sie es, trotz zwischenzeitlichem Vorsprung der Zwillinge, am Ende geschafft, die

Nummer eins zu sein. Pia lief ihnen mit ausgebreiteten Armen wie ein Flugzeug nach. »Juhu …«

Als sie das Wasser erreichte, tönte aus Olivias und Alfies Weste ein Alarmkonzert. *Ringering, dudeldudel.*

»Zu nah am Wasser«, schnaufte Alfie und schaute wie seine Schwester auf sein Smartphone. Sie nickten sich zu und nahmen zeitgleich den Anruf entgegen. »Hi, Mommy.« »Hi, Daddy.« »Nein, alles gut.« »Keine Sorge.« »Wir gehen nicht näher ran.« »Nein. Echt.« »Alles gut. Versprochen.«

Mit vielsagenden Blicken in Pias und Poppys Richtung verabschiedeten sie sich und steckten ihre Handys wieder ein. »Das GPS hat ihnen gesagt, dass wir uns in Lebensgefahr befinden«, sagte Olivia.

Poppy wies in Richtung Land. »Na, dann lasst uns doch einfach da drüben hingehen. Da fliegt der Drache genauso gut.«

»Und wann machen wir Picknick?«, fragte Alfie.

Seine Schwester stieß ihn in die gepolsterte Seite. »Alte Fresstüte! Wir hatten doch gerade erst Frühstück.«

»Na und? Ich brauch trotzdem 'ne Stärkung«, gab Alfie zurück und zog den Müsliriegel aus seiner Weste.

»Ey, nicht! Der ist doch für Notfälle!«

»Was denn für Notfälle? Wir sind doch mitten in der Stadt!«

Während die Geschwister weiterzankten, verständigten sich Pia und Poppy mit einem Kopfnicken, loszugehen, um den Drachen aufzuspannen.

»Der Wind kommt heute aus Süd-West«, bemerkte Poppy mit angelecktem Finger in der Luft. »Ich bleib hier stehen und wir lassen ihn in die Richtung dort aufsteigen. Einverstanden?«

Das Flugobjekt besaß aufgefaltet eine Spannweite von zwei Metern, und Alfie kam angelaufen, um Poppy zu helfen. Pia und Olivia spulten derweil die Kordel ab und bewegten sich von ihnen weg.

»Okay«, verkündeten sie und streckten aus der Ferne die Daumen hoch. »Könnt loslassen!«

»Yeah!«, juchzte Poppy und übergab den Drachen dem Wind. In aufgeregten Bögen kurvte er über ihren Köpfen umher, und es kostete Pia und Olivia einiges an Kraft, um ihn festzuhalten und gleichzeitig weiter in die Höhe zu lenken.

»Hilfe!«, schrien sie lachend, als der wild gewordene Drache plötzlich zurück zum Strand schoss und direkt auf Poppy und Alfie zusauste. Die sprangen kreischend zur Seite und kamen Pia und Olivia zu Hilfe.

In Achten zog der Drache wieder in den Himmel hinauf und kam dort schließlich zur Ruhe.

»Oh nein!«, rief Olivia da und rannte los. »Unser Picknick!«

Und tatsächlich: Die Tasche der Zwillinge war von einer Böe umgeworfen worden, und die mitgebrachten Plastikbecher und Chipstüten flogen durch die Luft davon.

»Warte, ich fang sie mit ein.« Pia überließ Poppy und Alfie die Lenkung, um Olivia beim Einsammeln zu helfen.

Das war allerdings alles andere als einfach. Denn die Tüten hopsten im Wind auf und ab. Und immer, wenn Pia nach einer greifen wollte, sprang diese weiter.

»Hey, stehen bleiben!«, befahl sie den Tüten. »Haaaaalt!«

»Ja, Pia. Gleich hast du sie!«, feuerten die anderen sie aus der Ferne an, aber die Snacks segelten wie zwei Vögel davon, als hätten sie einen Riesenspaß, Pia im Zickzack hinter sich herlaufen zu lassen.

»Na, wartet …« Trotzig kletterte sie die Düne hinauf, wo die Tüten schließlich im Dünengras hängen blieben.

»Hab ich euch!« Pia wollte gerade zugreifen, da zuckte sie plötzlich zurück.

Vor ihr im kniehohen Gestrüpp fiepte etwas.

Was war das? Erschrocken verharrte sie in ihrer Bewegung und horchte. *War das etwa ein Tier? Am Ende ein gefährliches?*

Pias Herz klopfte augenblicklich schneller, und

alles in ihr rief: *Hau ab!* Doch sie wollte sich von ihrer Angst nicht überwältigten lassen. Nicht, bevor sie nicht wusste, was es war.

Mit zusammengepressten Lippen schob sie vorsichtig das Gras zur Seite. Nur einen halben Meter vor ihr lag ein kleiner Seelöwe und blickte mit seinen schwarzen Knopfaugen voller Panik zu ihr auf. Hilflos ruderte er mit einer Flosse, um wegzukommen, denn die andere hing in einem Fischernetz fest, das sich um seinen Körper verfangen hatte.

»Oje …«, flüsterte Pia. »Du Armer.«

Das Jungtier atmete schwer. Nach einem weiteren

verzweifelten Versuch, sich zu bewegen, schloss es ermattet die Augen und sank in sich zusammen.

»Hey, Leute.« So schnell sie konnte, rannte Pia zu den anderen zurück. »Da oben liegt ein kleiner Seelöwe. Ich glaub, wir müssen ihm helfen. Dem geht es gar nicht gut.«

»Was?« »Oh, nein!« Olivia und Alfie musterten sie entsetzt. »Was hat er denn?«

»Er hat sich in einem Netz verfangen und kann sich kaum bewegen.« Pia machte eine hilflose Geste. »Er wirkt, als sei er total am Ende.«

Poppy sah bestürzt zur Düne. Im nächsten Augenblick zog sie ihr veraltetes Handy raus und begann darin, nach etwas zu suchen.

»Was tust du?«, fragte Pia.

»Rick anrufen.«

»Wer ist Rick?«, wollte Olivia wissen.

»Rick Fell«, entgegnete Poppy. »Er ist Cablecar-Fahrer.«

»Ein Cablecar-Fahrer?« Alfie zog kritisch die Stirn in Falten. »Was hat der denn mit Seelöwen zu tun?«

Pia wunderte sich ebenfalls. Sie hatte die eindrücklichen Straßenbahnen aus Holz bisher nur von Weitem über die Hügel der Stadt rattern sehen, und sie wusste, dass sie in der ganzen Welt berühmt waren. Ebenso ihre Fahrer. Aber, dass sich diese mit Seelöwen auskennen sollten, war ihr neu.

»Rick arbeitet in seiner Freizeit ehrenamtlich als Tierretter fürs *Marine Mammal Center.* Drüben in Sausalito«, erklärte Poppy.«

»Wow«, bemerkte Pia.

Weiter kamen sie nicht, denn Rick antwortete bereits.

»Hi, Rick, tut mir leid, wenn ich dich bei der Arbeit störe«, sagte Poppy, »aber du musst uns helfen.«

Eilig erzählte sie ihm von Pias Fund und nickte danach nur noch. »Okay. Verstehe. Machen wir. Warte, ich geb sie dir.« Sie hielt Pia das Handy hin. »Rick will mit dir sprechen. Du sollst ihm sagen, wie der Seelöwe aussieht, damit sie die richtigen Leute schicken.«

Pia schluckte aufgeregt und nahm das Handy. Poppy hatte es auf *Lautsprecher* gestellt, damit sie alle mithören konnten.

»Hallo, Rick«, sagte Pia, und eine tiefe Stimme antwortete ihr: »Hi, Pia. Ich stelle dir jetzt ein paar Fragen, die ich dich bitte genau zu beantworten.«

»Alles klar.« Sie berichtete ihm, dass das Tier noch ziemlich klein war, winzige Öhrchen hatte und eine Art Fell. »Es ist bräunlich, nur seine Schnauze und die Flossen sind dunkler«, endete sie.

»Fein, du bist eine gute Beobachterin«, sagte Rick. »Wir haben es hier offensichtlich mit einem *California Sealion* zu tun. Ich rufe jetzt im *Mammal Center* an. Bitte haltet euch von dem Tier fern und bleibt da, wo ihr jetzt seid. Am besten schaltet ihr uns euren Standort frei.«

Pia schaute zu den anderen. Poppy reagierte mit einem »Hä?«

»Kein Problem«, sprang Alfie ein und zog schnell sein Smartphone aus der Weste. »Wir haben die neuste GPS-Tracker-Version auf unseren Handys. Sie ist super genau. Da finden sie uns sofort.«

Rick diktierte ihm die Nummer der Helfer, und er tippte sie in sein Gerät. Ein *Bling* ertönte. »Bingo. Sie können uns jetzt sehen«, verkündete Alfie.

»Prima«, kam es aus Poppys Handy. »Dann viel Glück und bis bald. Ich muss jetzt schnell weiterfahren, sonst drehen mir die Touristen den Hals um.«

»Tu das, Rick«, rief Poppy kichernd und legte auf.

Ihre Miene wurde im nächsten Augenblick wieder ernst. »Hoffentlich geht das gut und sie sind schnell hier.«

Pia nickte beklommen. *Ja, bitte!*

4

Es dauerte eine Dreiviertelstunde, bis Pia den Punkt am Horizont entdeckte.

»Da sind sie. Sie kommen!«, rief sie erleichtert.

Das Schnellboot des *Marine Mammal Center* kam über das Wasser geprescht und hopste dabei zwischen den Kämmen und Tälern der Wellen auf und ab.

Poppy hatte in der Zwischenzeit erzählt, dass es sich beim *Mammal Center* um eine Rettungsstelle für Säugetiere – *Mammals* auf Englisch – handelte. Es war das weltgrößte Seetierkrankenhaus.

Pia wusste aus dem Biologieunterricht, dass Seelöwen im Gegensatz zu Fischen Säugetiere sind. Sie bringen ihre Babys an Land zur Welt. Aber schon ein bis zwei Wochen nach ihrer Geburt wagen sich die Kleinen ins Wasser.

»Hätte nie gedacht, dass es Krankenhäuser für wilde Tiere gibt«, bemerkte Alfie beeindruckt.

Pia fiel ihre Mitschülerin in Leipzig ein. Deren Mutter hatte erst neulich bei einem Informationstag von ihrem Beruf erzählt. Sie arbeitet als Augenärztin für Tiere. Neben Pferden und Kaninchen behandelt sie auch Tiere aus dem Zoo. So musste sie mal eine Giraffe verarzten, die sich mit dem Auge an einem Ast verletzt hatte, und ein Chamäleon, das zu erblinden drohte. Für Pia, wie für den Rest der Klasse, war das etwas vollkommen Neues gewesen. Wie Alfie hatten sie sich bis dahin nie Gedanken darüber gemacht, wer sich eigentlich um die Tiere in der Wildnis kümmerte.

»Echt cool«, sagte sie, und beobachtete, wie ein paar Meter weiter das Boot auf dem Sand aufsetzte.

Zwei Frauen und ein Mann sprangen heraus und zogen es auf den Strand. Sie trugen wasserfeste Kleidung und hatten Holzbretter bei sich, ein Netz am Stab sowie eine Kiste.

»Hi«, begrüßte sie eine von ihnen. »Helen. – Seid ihr Ricks Freunde?«

»Ja«, entgegnete Poppy.

»Das sind Don und Anne«, sagte Helen. »Wir kommen wegen des kleinen Patienten. Wo ist er?«

Pia wies hinter sich zur Düne. »Da oben im Gras.«

»Bist du es, die ihn gefunden hat?«, fragte Anne. »Willst du uns hinführen?«

Pia nickte und lief voran.

»Wozu sind denn die Bretter?«, hörte sie Alfie hinter sich fragen.

»Die stellen wir vor unsere Beine. Einerseits zum Schutz und damit wir den Seelöwen in die richtige Richtung manövrieren können. Andererseits kann er so unsere Beine nicht sehen«, erklärte ihm Helen.

»Wieso soll er sie denn nicht sehen?«, fragte Olivia nach.

»Damit sich die Tiere nicht an den Anblick von Menschen gewöhnen«, erklärte ihr Don. »Schließlich wollen wir sie nach ihrer Gesundung ja schnell zurück ins Meer entlassen, und da wäre es schlecht, wenn sie uns lieb gewonnen haben.«

Als sie bei dem Sandwall ankamen, den Pia zuvor hinaufgestiegen war, um die Tüten einzusammeln, blieben sie stehen. »Da oben ist er. Ungefähr einen Meter ins Gestrüpp rein.«

»Danke, Pia«, sagte Helen und klopfte ihr auf die Schulter. »Bleibt am besten hier unten.«

Kurz sprachen sich die drei ab, dann stiegen sie den Hang hinauf und verteilten die Bretter unter sich.

»Hoffentlich kriegt der Kleine keinen Herzklabaster«, raunte Olivia besorgt. »Das ist bestimmt voll der Stress für ihn.«

»Keine Sorge. Sie machen das ja nicht zum ersten Mal«, versuchte Poppy sie zu beruhigen. »Rick hat erzählt, dass sie an die zehntausend Anrufe im Jahr bekommen.«

»Was? So viele?« Alfie mochte es kaum glauben.

»Na, hier tummeln sich doch Millionen von Tieren!« Poppy wies zum Meer.

Über ihnen ertönte das ängstliche Fiepen des Seelöwenjungen. Gespannt schauten sie zu den Erwachsenen, die ihn umkreisten. Auf ein Nicken von Helen hin nahm Don das Tier mit dem Netz vom Boden auf und verfrachtete es behutsam in die mitgebrachte Kiste.

»Der Arme!«, jaulte Olivia und hielt sich die Augen zu.

»Was denn?«, fragte Poppy. »Die helfen ihm doch.«

»Trotzdem. Er tut mir so leid!« Olivia verdeckte

ihr Gesicht so lange, bis die drei vom *Mammal Center* wieder bei ihnen waren und die Kiste zum Schiff trugen.

»Wird er es schaffen?«, fragte Pia sie.

Helen wog den Kopf. »Wenn es nur das Fischernetz war, bestimmt. Aber wenn es noch etwas anderes ist, dann …« Sie machte eine unsichere Geste, die so viel besagte wie: In dem Fall können wir leider für nichts garantieren.

»Danke euch.« Die drei verabschiedeten sich mit Handschlag und setzten die Box mit dem kleinen Seelöwen im Boot ab. »Ihr habt das wirklich super gemacht!«

Gemeinsam schoben sie ihr Fahrzeug ins Meer zurück und sprangen auf.

»Meldet euch bei Rick!«, rief Helen und warf den Motor an. »Er wird euch über alles Weitere informieren.«

»Machen wir!« Pia und ihre Freunde winkten ihnen nach, bis sie hinter den Wellen verschwunden waren.

Jetzt konnten sie nur noch fest die Daumen drücken.

»Ich ruf morgen früh gleich als Erstes bei Rick an und geb euch Bescheid«, versprach Poppy.

Eilig sammelten sie den im Sand liegenden Drachen ein und machten sich auf den Heimweg. Das mitgebrachte Picknick hatten sie in all der Aufregung ganz vergessen.

Umso glücklicher war Pia, als sie ihre Eltern in der *Villa Futura* mit belegten Broten und warmem Tee vor dem Kamin antraf. Sie hatte einen Bärenhunger!

»Komm schnell und wärm dich auf«, sagte Allison, nachdem sie Pias Hände gefühlt hatte. »Die sind ja ganz kalt.«

Der berühmte Sommernebel war mal wieder in die Stadt hereingezogen und hatte die Temperaturen schlagartig fallen lassen.

»Wie war dein Tag am Meer?«, fragte Karsten.

Pia musste erst mal drei dick belegte Sandwiches essen, bevor sie ihren Eltern antworten konnte. Im Kamin knisterte derweil das Feuer hinter der Scheibe und verbreitete eine wohlige Wärme.

»Ach, Mensch«, murmelte ihr Vater, als Pia ihre Erzählung beendet hatte. »Das ist ja was.«

Allison nickte ebenso betroffen. »Hoffentlich können sie ihm helfen.«

Im Gegenzug erzählten ihre Eltern, dass Karsten und der Professor im Kaminschlot auf ein Nest gestoßen waren.

»Ein Dinosauriernest«, bemerkte Allison. »Mindestens fünf Meter groß.«

»Ha, ha. Mach du dich ruhig lustig«, sagte Pias Vater. »Auf der Kamera sah es halt größer aus als in echt.«

Pia hörte zu, wie sie sich gegenseitig foppten, bis ein Brummen aus ihrer Jacke sie aufhorchen ließ. Es signalisierte, dass eine Nachricht auf ihrem Handy eingegangen war.

Eigentlich galt bei den Blaus die Abmachung, dass elektronische Geräte am Esstisch nichts zu suchen hatten. Und das war auch in Pias Sinne, denn es nervte sie ebenfalls, wenn ihre Eltern die ganze Zeit auf ihre Displays starrten, anstatt sich auf das Gespräch zu konzentrieren. Doch jetzt versetzte sie das Brummen in eine kaum auszuhaltende Unruhe.

»Gilt unsere Handy-Verabredung auch am Kamin?«, fragte sie. »Vielleicht ist es Poppy.«

Ihre Eltern zeigten Verständnis. »Schau doch schnell mal nach.« An ihren Gesichtern las Pia ab, dass sie genauso gespannt waren wie sie.

Rick sagt, wir können ihn morgen im Mammal besuchen. Wenn du um 10 bei mir bist, schaffen wir's easy mit dem 76Xer Bus. Howgh, Poppy.

Pia las die SMS laut vor.

Sowohl Allison als auch Karsten hatten am nächsten Tag Termine. Pias Vater schien die Tatsache, dass er sie somit nicht fahren konnte, ähnlich unsicher zu stimmen wie Pia selbst.

»Ist das wirklich so eine gute Idee, dass ihr da alleine mit dem Bus rübergurkt?«, fragte er.

»Na klar«, entgegnete Allison. »Das ist eine der schönsten Fahrten, die es gibt. Der 76X-Bus kommt am Bonita Lighthouse vorbei. Dieser hübsche Leuchtturm auf der Landzunge. Den muss Pia unbedingt mal gesehen haben. Ist doch eine tolle Chance.«

»Und wenn ihr den Termin einfach verschiebt und ich fahr euch später?«, schlug Karsten vor.

»Nein, auf gar keinen Fall!«, platzte es da aus Pia heraus. »Wer weiß, wie es dem Kleinen geht?!?« Sie wollte so schnell wie möglich zu ihm. So sehr, dass der Wunsch sogar ihr mulmiges Gefühl wegen der Fahrt alleine überdeckte.

»Na, dann« Ihr Vater zuckte mit den Schultern, »soll es halt so sein.«

Pias Mutter nickte ebenfalls. »Ihr passt ja gut aufeinander auf, du und Poppy, nicht wahr?«

»Tun wir«, versprach Pia und rannte los, um alles für den nächsten Tag vorzubereiten.

5

Mist!!! 

Wir wären so gerne mitgekommen. 

Verdammt! 

Ihr müsst uns alles erzählen!

Macht Fotos!!! 

Olivia und Alfie waren untröstlich, dass sie nicht mitfahren konnten. Stattdessen mussten sie zu einer Tante nach Santa Cruz. Sie heiratete.

Pia las Poppy die SMS der Zwillinge am nächsten Morgen im Bus zum Stadtzentrum vor. Dort stiegen sie an einer mehrspurigen Straße aus, um mit dem *Marin Headlands Express 76X* weiterzufahren. Der Schnellbus würde sie über die Golden Gate Bridge auf die andere Landseite bringen.

»Am Wochenende benutzen ihn vor allem Touristen, weil da drüben ein total schöner Strand ist«, erzählte Poppy. Tatsächlich hatten die meisten Mitreisenden Strandstühle und Matten dabei.

»Ist das nicht 'n bisschen kalt?«, fragte Pia. Sie beide trugen Daunenwesten, denn es wehte ein frischer Wind und die Stadt war immer noch vom Nebel verhüllt.

»Warte mal ab. Auf der anderen Seite der Brücke kommst du gleich ins Schwitzen.«

Pia konnte es kaum glauben und schaute zum Fenster raus. »An der Ostsee sind es heute über dreißig Grad«, bemerkte sie. Die *Sandmöven* hatten über Nacht Fotos geschickt und geschrieben, dass die Überfahrt nach Hiddensee eine absolute Wohltat gewesen war. Denn die Hitze war ganz plötzlich gekommen, und der Fahrtwind hatte sie abgekühlt.

»Ihr solltet bis Oktober bleiben«, empfahl Poppy. »Da haben wir dann auch richtig Sommer hier.«

»Oder du kommst nächstes Jahr zu uns«, entgegnete Pia mit einem herausfordernden Grinsen. »Dann siehst du mal, wie Sommer im Juni sein kann.«

Poppy nickte, als sei die Idee durchaus vorstellbar. »Schauen wir doch mal.«

Dann überquerten sie die Golden Gate Bridge, die Pia bisher nur aus der Ferne gesehen hatte und von den Postkarten ihrer Großmutter kannte. Sie war fast drei Kilometer lang und rot angemalt.

»Da, guck!«, rief Poppy und wies an Pia vorbei. »Da hast du's schon.«

Wie durch eine Wand fuhr der Bus plötzlich in strahlenden Sonnenschein hinein. Während hinter ihnen die Skyline von San Francisco zwischen den Wolken verschwand, erstreckte sich vor ihnen eine schier endlos erscheinende Küstenlandschaft mit grünen Hügeln und einem blitzeblauen Himmel darüber.

»Da ist Point Bonita. Die Landzunge mit dem Leuchtturm. Siehst du?« Poppy tippte mit dem

Finger gegen die Scheibe. Es war jener Leuchtturm, den Pias Mutter bereits erwähnt hatte. Über ein paar Felsen hinweg war er durch eine weiße Holzbrücke mit dem Land verbunden.

Pia sank mit einem genussvollen Seufzer in ihren Sitz zurück. »Das sieht ja voll nach Ferien aus. Yeah.«

Poppy schmunzelte. »Mit Wanderung inklusive, ha, ha.«

»*Urgh*!«, stöhnte Pia übertrieben. Sie hatte Poppy erzählt, dass ihre Eltern jeden Urlaub darauf bestanden, dass sie mindestens einen Spaziergang machten, der einen ganzen Tag lang dauerte. Aus Pias Sicht das Langweiligste auf der Welt! Aber diesmal war ihr *Urgh* ein Scherz. Denn schließlich waren sie auf dem Weg zu ihrem kleinen Freund, dem Seelöwen. Und Pia konnte es kaum noch erwarten.

Die Endhaltestelle des *Marin Headland Express* lag direkt am Meer, und die Mehrzahl der Mitreisenden blieb zum Sonnen und Schwimmen am Strand. Pia und Poppy wandten sich als Einzige in die andere Richtung und folgten den Pfeilen den Hügel hinauf.

Es dauerte etwa dreißig Minuten, bis sie das einstöckige Gebäude erreichten, das einsam inmitten der Natur lag. Auf einem Mäuerchen davor begrüßte sie ein Seelöwe aus Stein, und in der Ferne war das Röhren der Säugetiere zu hören.

»Willkommen *in the middle of nowhere*«, bemerkte Poppy und nahm einen Schluck aus ihrer Wasserflasche. Pia blickte sich um und musste ihr recht geben. Es fühlte sich hier wirklich wie *in der Mitte von Nichts* an.

»Welcome und Hallo im *Marine Mammal Center*«, begrüßte sie eine Frau hinter dem Tresen der Eingangshalle. Von ihrem T-Shirt blickte ihnen ein Otter entgegen. »Seid ihr angemeldet?«

»Ja. Rick Fell hat uns eingeladen. Ich bin Poppy Williams und das ist meine Freundin Pia Blau.«

»Prima.« Die Mitarbeiterin übergab ihnen zwei Besucher-Ausweise, die sie sich um den Hals hängten, und griff zum Hörer. »Ich sag ihm schnell Bescheid, dass ihr da seid.«

Während Poppy am Tresen stehen blieb, wanderte Pia durch die Halle und betrachtete die Vitrinen und Schautafeln. Sie stellten die Patienten des Krankenhauses vor. Neben Seelöwen und Seehunden fand Pia Delfine, Otter und Seeelefanten abgebildet. Manche kamen mit offenen Wunden oder hatten sich in einem Fischernetz verfangen. Andere waren mit einem Virus infiziert oder litten an Krebs. Der häufigste Grund aber war, dass sich die Tiere vergiftet hatten. Mit ausgelaufenem Öl, anderen schädlichen Substanzen oder Müll im Wasser.

Auf einem Foto war jede Menge Plastik zu sehen, das eine riesige Insel im Meer bildete. Es war erschreckend. Nie hätte Pia gedacht, dass derart viel

Abfall im Ozean rumschwamm. Sie ging weiter zu einer Kiste, in der lauter Dinge lagen, die man in den Mägen der Patienten gefunden hatte. Es waren Plastikstrohhalme, Tüten, Flaschen, Deckel und vieles, vieles mehr.

»Boa, ist das ekelig!«, stöhnte sie und konnte sich von dem Anblick kaum lösen. »Wer wirft denn das alles ins Meer rein?«

»Leider wir Menschen«, kam die Antwort von Rick Fell, der soeben hinter ihr auftauchte.

»Hey, Rick!« Poppy kam zu ihnen gelaufen und begrüßte ihn mit einer coolen Faustgeste.

»Dann musst du die Finderin sein«, sagte er und reichte Pia die Hand.

»Ja.« Pia stockte kurz. Bisher kannte sie ja nur die Stimme von Rick. Und da Poppy ihn *einen Freund* nannte, hatte sie jemand deutlich jüngeren erwartet. Aber Rick war mindestens so alt wie ihre Eltern. Wenn nicht gar älter. Seine krausen Haare färbten sich hier und da schon grau.

Bei seinem Anblick musste sie sofort an den früheren amerikanischen Präsidenten denken, von dem ihre Großmutter ihr mal ein Bild gezeigt hatte. Er hatte ähnlich ausgesehen mit seiner dunklen Haut und der athletischen Figur. Nur, dass an Ricks Armen – im Gegensatz zu diesem Obama – riesige Muskelpakete prangten. *Das muss von seiner Arbeit als Cablecar-Fahrer kommen*, mutmaßte Pia. Poppy hatte ihr erzählt, wie stark man dafür sein musste.

»Ich bring euch gleich zu eurem kleinen Freund«, erklärte Rick, »aber vorher würde ich euch gerne noch rumführen und unserer Ärztin vorstellen, wenn ihr schon mal hier seid. Ist das okay?«

»Au ja, gerne«, entgegnete Pia und begriff spätestens jetzt, warum Poppy Rick einen *Freund* nannte. Anstatt über ihre Köpfe hinweg zu entscheiden, wie es Erwachsene gerne mal taten, behandelte er sie wie Gleichaltrige.

»Na, dann kommt!« Er ging voraus und öffnete die Tür zum Innenhof. »Keine Angst, der Herr da draußen ist nicht echt.« Rick meinte damit einen Seeelefanten aus Kunststoff, der in der Mitte des Hofes stand. Er maß mindestens drei Meter und hatte sein Maul mit den riesigen Zähnen weit aufgerissen.

»Wollt ihr ein Foto mit ihm?«, fragte Rick.

»Na klar. Hier.« Pia gab ihm ihr Smartphone.

Wenn sie zurück in der *Villa Futura* war, würde sie es an die *Sandmöven* schicken.

In den umliegenden Gebäuden, erklärte ihnen Rick, befanden sich Büros, Labore, Untersuchungsräume, Abstellkammern, der OP-Saal sowie das wissenschaftliche Zentrum.

»Leider können wir nicht alle Patienten retten«, bemerkte er zu Letzterem, »deshalb untersuchen wir die, die es nicht schaffen, bis in ihre kleinsten Fasern, um dabei etwas für die Rettung anderer zu lernen.« Er machte eine traurige Geste. »Bestenfalls finden wir heraus, was wir tun können, um weitere Erkrankungen zu vermeiden.«

Poppy hatte Pia im Bus erzählt, dass Rick einer von über tausend Freiwilligen war, die im *Mammal Center* halfen. Er bekam dafür kein Geld und tat es einzig, weil ihm die Tiere am Herzen lagen.

»Kommt. Hier rein geht's zu Doktor Lee.« Er öffnete die Tür zu einem der Untersuchungsräume.

Es war eine kahle, gekachelte Halle mit mehreren Tischen aus Metall in der Mitte. An den Wänden standen jede Menge Glasschränke, in denen Untersuchungsgeräte und das Operationsbesteck lagen. Die Ärztin saß über ein Mikroskop gebeugt und trug einen weißen Kittel sowie eine wasserfeste Schürze. Ihre Füße steckten in Gummistiefeln.

»Doktor Lee, das sind Pia und Poppy«, stellte Rick sie vor und wies auf Pia. »Sie ist die Finderin.«

»Wie schön, dass ihr uns besucht!« Die Ärztin stand auf und schüttelte mit einem warmen Lächeln ihre Hände. »Na, dann bist du ja diejenige«, sagte sie zu Pia, »die unserem kleinen Patienten einen Namen geben darf.«

»Was?« Pia schaute die drei überrumpelt an.

An Poppys schelmischem Grinsen erkannte sie, dass sie bereits davon wusste. Es sollte eine Überraschung sein, wenn Pia von dem Ritual erfuhr.

»Jeder Finder, jede Finderin darf *ihrem* Tier einen Namen geben«, bestätigte Rick. »Wir tragen ihn dann in unseren Computer ein, der per GPS mit dem Chip an der Flosse des Seelöwen verbunden ist. So wissen wir nicht nur stets, wo das Tier in Zukunft ist, sondern auch welchen Namen es trägt.«

»Ui.« Pia überlegte fieberhaft. Vor Schreck fiel ihr nichts ein. Aber dann schoss ihr plötzlich *Snoopy* in den Sinn. »Snoopy. Er soll Snoopy heißen.« So wie der Hund aus der Zeichentrickserie mit Charlie Brown, die sie mit den *Sandmöven* immer bei schlechtem Wetter guckte. »Er hat genau die gleichen Knopfaugen.«

»Sehr gut«, entgegnete Rick. »Das passt perfekt.«

»Können Sie uns sagen, was mit Snoopy los ist?«, fragte Poppy Dr. Lee. »War es nur das Netz, in das er sich verwickelt hat?«

»Leider nicht.« Die Miene der Ärztin verdüsterte sich und sie legte mitfühlend den Kopf ein wenig schräg. »Wir haben auch jede Menge Plastik in seinem Magen gefunden. Möglicherweise ist es sogar in seine Blutbahn gelangt.«

»Was? Plastik?«, fragte Pia entsetzt. »So wie das da draußen in den Vitrinen?«

»Nein. Kleiner. Es scheint, dass wir es hier mit einer neuen Art zu tun haben.« Dr. Lee wies zu ihrem Mikroskop. »Normalerweise sind es, wie ihr draußen gesehen habt, vor allem Tüten, Strohhalme oder Flaschendeckel. Aber seit einiger Zeit haben wir es immer öfter mit viel kleineren Partikeln zu tun.«

Sie holte eine Schale, die auf ihrem Arbeitstisch stand, und reichte sie ihnen. Es befanden sich lauter bunte Plastikstückchen darin. »Snoopy ist leider nicht der Erste, der sich damit vergiftet hat.«

Pia schaute betroffen zu Rick, der bestätigend nickte. »Die ersten Fälle kamen im April.«

»Und wo kommt das her?«, fragte Poppy. »Das sieht ja aus wie Konfetti.«

»Wir haben's leider noch nicht rausgefunden, aber es stellt auf jeden Fall eine große Gefahr dar. Denn die Teilchen können bis tief in die Organe der Tiere gelangen – und das ist natürlich lebensgefährlich.«

Pia und Poppy schauten sich erschrocken an.

»Dann ist also schon mal ein Tier daran gestorben?«, fragte Pia. »Ist es bei Snoopy etwa auch so schlimm?«

»Das müssen wir noch sehen. Seinen Magen konnten wir zum Glück entleeren. Wie viel mehr von dem Zeug in ihm steckt, müssen wir noch untersuchen.«

»Das heißt, er bleibt noch länger hier?«, fragte Poppy.

»Ja. Erst mal. Aber da er keine ansteckende Krankheit hat, kann er zum Glück mit seinen Artgenossen in einem Gehege sein. Das ist schon mal ein großer Vorteil, denn wie ihr sicher wisst, sind Seelöwen Gemeinschaftstiere«, sagte Rick. »Aber seht selbst.«

Sie verabschiedeten sich von der Ärztin, die daraufhin zu ihrer Arbeit zurückkehrte. Rick lief voran zum hinteren Ausgang, und Pia wollte ihm folgen. Doch Poppy hielt sie am Ärmel fest und zischte: »Warte!«

Eh sich Pia versah, hatte Poppy den Reißverschluss an Pias Rucksack geöffnet und kippte mit einer schnellen Handbewegung eine Handvoll der Plastikteilchen aus der Schale hinein.

»Was tust du da?!«, hauchte Pia entsetzt und schaute sich erschrocken zu den Erwachsenen um.

Dr. Lee saß mit dem Rücken zu ihnen über das Mikroskop gebeugt, und Rick war kurz davor, die

Tür zu erreichen. Nur noch ein paar Sekunden und er wandte sich um zu ihnen.

»*Urgh*«, stöhnte Pia.

Rick schaute sich zu ihnen um. »Ist irgendwas?«

»Nein, nein, alles gut«, bedeutete Poppy und zog dabei bestimmt den Reißverschluss an Pias Rucksack zu. »Ich hab nur nach einem Taschentuch gesucht.« Sie nickte Pia zu zwinkerte. »Komm, Snoopy wartet.«

Zu Pias Erleichterung schien niemand zu bemerken, wie Poppy ganz nebenbei die Schale auf den Tisch zurückstellte. Dennoch fragte sich Pia aufgewühlt: *Was in aller Welt hatte Poppy vor?*

6

Über eine Außentreppe gelangten sie aufs Dach der Krankenstation, wo es eine Aussichtsterrasse gab.

»Von hier bekommt ihr den besten Überblick über unsere Patienten«, sagte Rick. »Die Gehege können wir in ihren Größen verändern, je nachdem, wie wir's brauchen.« Er deutete auf die abgezäunten Bereiche, die sich unter freiem Himmel aneinanderreihten. Ein paar waren kleiner und für nur ein Tier ausgelegt, andere hatten sehr viel mehr Platz und besaßen ein Schwimmbecken.

Von überall röhrte und fiepte es.

»Wow, sind das viele«, staunte Pia beim Anblick der zahllosen, unterschiedlichen Seelöwen. Sie wusste gar nicht, wo sie zuerst hinschauen sollte. Manche sahen genauso aus wie Snoopy, andere waren gescheckt oder ganz glatt ohne Fell.

»Es gibt Zeiten, wo wir hier bis zu zweihundert Tiere gleichzeitig haben«, erzählte Rick.

Am meisten leid taten Pia diejenigen, die ganz alleine waren. Viele von ihnen lagen auf einer orangen Matte und bewegten sich kaum.

Rick schien ihre Gedanken zu erahnen und erklärte: »Unsere Einzel-Patienten sind leider oft ansteckend und müssen erst von uns mit Medizin versorgt werden, bevor sie zu den anderen können. Die Matten, auf denen sie liegen, sind warm und helfen ihnen, ihre Körpertemperatur zu halten.«

Pia nickte und schaute sich suchend um. »Und wo ist Snoopy?«

»Da drüben.« Er zeigte nach rechts auf ein größeres Gehege ohne Pool.

Pia musste genau hinsehen, um Snoopy darin zu entdecken. Denn er lag eingeklemmt zwischen zwei enorm langen und dicken Seelöwen.

»Zerquetschen sie Snoopy nicht?«, fragte sie erschrocken.

Rick lachte. »Nein. Die beiden Damen geben ihm zusätzliche Körperwärme. Wenn ihr mal Seelöwen am Strand beobachtet, dann seht ihr, dass sie es dort genauso machen. Sie liegen immer ganz dich beieinander und schützen sich gegenseitig.«

»Haben die beiden Mamas etwa auch Plastik geschluckt?«, fragte Poppy.

»Eine ja. Aber nicht so kleine Teilchen. Bei ihr war es eine Tüte. Die andere hatte ein Virus, das sie aber mittlerweile auskuriert hat. Sie können wahrscheinlich schon bald wieder ins Meer zurück.«

»Aber sie vertrocknen doch, wenn sie die ganze Zeit an Land und ohne Wasser sind?«, wunderte sich Pia.

Rick schüttelte den Kopf. »Seelöwen könnten eigentlich die ganze Zeit außerhalb des Wassers leben, wenn sie nicht auf Futtersuche gehen müssten. Die notwendige Flüssigkeit beziehen sie aus den Fischen.«

Pia und Poppy schauten beeindruckt zu Snoopy. Die Art, wie er da eingekuschelt lag, stimmte Pia hoffnungsvoll. Es tat ihm sicher gut.

Rick blickte auf die Uhr. »Ich muss leider wieder zurück an die Arbeit. Wenn ihr wollt, könnt ihr hier aber gerne noch länger bleiben. Ihr wisst ja, wo der Ausgang ist.«

»Danke!«, riefen die beiden und winkten ihm nach. »Gib Bescheid, wenn's was Neues gibt.«

»Mach ich!«, versprach Rick.

Pia und Poppy schauten noch eine ganze Weile stumm nach unten zu den Tieren. Dann machten auch sie sich auf den Weg.

Als sie weit genug weg vom *Mammal Center* waren, blieb Pia abrupt stehen und fragte streng: »Warum hast du die Plastikteile mitgenommen? – Etwa als Andenken?«

»Was? Quatsch. Natürlich nicht!«, reagierte Poppy empört. »Ich will rausfinden, was das ist und wieso sie im Meer rumschwimmen. Das muss doch einen Grund haben.«

Mit ihren schokoladenfarbenen Augen schaute sie Pia herausfordernd an.

Genau so hat sie mich auch angesehen, als sie in der ersten Nacht in meinem Zimmer aufgetaucht ist. Als sie von mir verlangte, dass wir nach dem Professor suchen. Pia schluckte bei dem Gedanken.

»Und was ist dein Plan?«, fragte sie unsicher.

Poppy zuckte mit den Achseln. »Hab noch keinen.« Mit einer lässigen Geste ging sie weiter und hüpfte dann plötzlich los. »Aber ich bin mir sicher, wir werden schon bald einen haben!«

Und so war es auch. Auf der Rückfahrt begann Poppy, alle Möglichkeiten aufzuzählen, die ihr in den Sinn kamen: »Wir können in der Stadt rumfragen, ob jemand was weiß. Oder wir rufen den Bürgermeister an. Oder noch besser den Präsidenten.«

Pia entschied sich am Ende für Poppys letzten Vorschlag: »Wenn wir zu Hause sind, holen wir uns Scottys Chemiebaukasten und legen die Teilchen unters Mikroskop, um zu sehen, ob wir irgendwas entdecken.«

Es war nicht nur die Idee, die am wenigsten Aufmerksamkeit erregen würde. Sie kam Pia auch am machbarsten vor.

Sind wieder zurück. Alles gut gegangen. Bleibe noch bei Poppy und komme dann zum Abendessen, schrieb sie an ihre Eltern, sobald sie bei den Williams im WLAN war.

Die Antwort von Allison und Karsten erreichte sie keine Minute später.

Super. Das freut uns! Sind gespannt auf deine Erzählungen.

»Wozu wollt ihr meinen Chemiebaukasten haben?«, fragte Poppys Bruder misstrauisch. Er war drei Jahre älter und selten mit seiner Schwester einig.

»Weil wir was untersuchen müssen, Scottylein«, entgegnete Poppy. »Es ist wichtig.«

»Ach, geht's vielleicht auch noch etwas konkreter, Poppychen?«

»Nee, leider nicht. Die Sache ist streng geheim. Ich mein: *polizeilich geheim*, wenn du verstehst, was ich damit sagen will.« Sie blickte ihn derart ernst an, dass Pia um ein Haar losprusten musste.

Scotty seinerseits verdrehte die Augen und sagte an Pia gewandt: »Hast du der eigentlich mal gesagt, wie bescheuert sie ist? Ich mein: im Kopf?!«

Pia verneinte mit zusammengepressten Lippen, um nicht doch noch lachen zu müssen. Ihr war nur zu klar, dass Scotty seine Schwester im Grunde super fand. Aber das konnte er nicht zugeben, weil die ihm sonst mit ihrer eigenwilligen Art nur noch mehr auf der Nase rumtanzte.

»Da siehst du mal, Bruderherz. Du bist mit deiner Meinung ziemlich alleine.« Poppy legte den Arm um Pias Schulter und schenkte ihrem Bruder ein bestätigendes Grinsen. »Und wenn du uns jetzt endlich hilfst, dann erwähnen wir dich vielleicht in unserer Dankesrede vor der versammelten Presse.«

»Na klar.« Scotty schlug sich gegen die Stirn und stöhnte. Zu Pia sagte er: »Du passt auf, dass die keinen Mist damit baut, verstanden?!«

»Mach ich. Ehrenwort.« Sie hob die Hand zum Schwur.

»Holt ihn euch aus meinem Zimmer«, seufzte er und verschwand in die Küche, wo sein frisch geerntetes Gemüse auf dem Spülstein lag. »Ich hab was gut bei dir, Poppy Williams.«

»Mindestens zehntausend Küsse, Scottylein«, rief die zurück und stürmte die Treppe hinauf.

»*Urgh.* Ganz sicher nicht«, kam es zurück. Dann fiel die Küchentür ins Schloss.

»Na, jetzt schauen wir doch mal.« In null Komma

nichts hatte Poppy das Mikroskop auf ihrem Schreibtisch aufgebaut und schaute durch die Linse. Mit einer Pinzette hatte sie ein paar der Plastikteile, die sie mitgenommen hatten, auf die kleine Glasplatte darunter gelegt.

»Die sehen aus wie von einer Maschine geschreddert. Guck mal, die Ränder sind alle leicht gezackt.« Sie schob Pia das Gerät hin, damit sie ebenfalls durchschaute.

»Stimmt.« Pia betrachtet aufmerksam die vergrößerten Stücke. »Da sind zwei mit einem pinken Rand.«

»Echt? Zeig mal!« Aufgeregt zog Poppy das

Mikroskop unter ihrer Nase weg. »Vielleicht gehören sie ja zusammen.«

»Hast du ein Klebeband?«, fragte Pia. »Wenn wir ähnliche finden, könnten wir sie darauf aneinanderkleben.«

»Gute Idee!« Poppy riss ihre Schublade auf und wühlte durch das bunte Chaos. »Hier!« Sie drückte Pia die Rolle in die Hand. Es hingen lauter Wollfäden und Staubflusen daran. »Ich such weiter und du klebst sie nebeneinander auf, okay?«

In der nächsten Stunde schauten sie über hundert Teilchen an und suchten nach dazu passenden. Es waren nicht viele, aber Pia hielt am Ende zumindest eine Fläche von zwei mal zwei Zentimetern in der Hand.

»Das gehört doch zu einem Buchstaben, oder?«, meinte Poppy, als sie sich mit Scottys Lupe darüberbeugte. »Ein pinker Buchstabe auf weißem Grund.«

»Wenn du mich fragst«, bemerkte Pia, »sieht das aus wie ein S.«

Poppy nickte. »Das gehört wahrscheinlich zu

einem Schriftzug auf einer Flasche oder Dose oder so.«

»Und was machen wir jetzt damit?« Pia schaute auf die Uhr. Ihr blieben noch fünfzig Minuten, bis sie zu Hause sein musste.

Poppy sprang auf. »Wir gehen in den Supermarkt!«

Kurzerhand ergriff sie das Stück Klebeband und steckte es in ihre Hosentasche. Dann stieg sie auf ihren Schreibtisch und schwang die Beine aus dem kleinen Fenster. Davor hingen die Taue ihrer Schaukel, die mit zwei Haken im Spitzdach verankert waren.

Pia hatte schon mehrfach zugesehen, wie Poppy sich an den Seilen herunterließ. Denn Poppy nutzte grundsätzlich lieber Fenster als Türen, da sie fand, dass sie sie schneller ans Ziel brachten.

»Ähm, wir treffen uns dann unten«, bemerkte Pia und drehte ab, um die Treppe zu nehmen.

»Hä? Du spinnst ja wohl!«, protestierte Poppy. »Du lernst das jetzt, Pia Blau. Hast du verstanden?« Sie schaute Pia dabei an, als stände ansonsten ihre Freundschaft auf dem Spiel.

»Aber …« Pia schluckte. »Ich bin in so was ’ne totale Niete. Echt.«

»Hier geht's nicht darum, gut zu sein, sondern darum, Spaß zu haben!« Poppy sprang vom Tisch direkt vor Pias Füße. »Jede Wette, du wirst es lieben? Ich versprech dir: Es ist pipileicht.«

Na klar, dachte Pia und schaute mulmig an ihr vorbei zum Fenster raus. *Und tief war es auch.*

7

Um Pia die Angst zu nehmen, hatte Poppy ihren Sitzsack durch das Fenster gequetscht und hinausplumpsen lassen. Nun lag er wie ein Pfannkuchen unter der Schaukel vor der Haustür der Williams.

Pia war es peinlich, dass so eine Aktion aus der Sache wurde, aber sie spürte, dass es Poppy wichtig war. Und letztendlich musste sie sich eingestehen, dass sie es auch gerne können würde.

»Einfach eines der Seile zwischen die Beine klemmen und gut festhalten. Dann lässt du dich langsam runter und Djupp …« Poppy machte eine Geste, die eine rasante Fahrt nach unten versprach.

»Und die Haken da oben sind wirklich fest?«, fragte Pia.

»Erdbebenfest. Du weißt doch, in San Francisco muss alles millionenfach sicher sein.«

Ja, Pia wusste das. Ihre Mutter hatte ihr erzählt, dass in der Stadt immer wieder die Erde bebte. Häufig bekam man davon gar nichts mit. Aber vor einigen Jahren hatte es eine derartige Erschütterung gegeben, dass unzählige Häuser zerstört wurden und sogar eine Autobahn auf Stelzen zusammengestürzt war. Seitdem sicherten sich die Stadtbewohner, so gut es ging, ab.

Pia schob sich auf das Fensterbrett und ergriff mit klopfendem Herzen ein Tau. Es kostete sie einiges an Überwindung, aber dann gab sie sich schließlich einen Ruck und ließ sich nach vorne gleiten.

»Aaahhh!«, schrie sie und schloss erschrocken die Augen.

»Super machst du das!«, rief Poppy und gluckste belustigt.

Und tatsächlich. Als Pia die Augen wieder öffnete, stand sie unten auf dem Sitzbrett der Schaukel und hatte es geschafft.

»Yeah«, rief Poppy und rutschte an dem anderen Seil nach unten. »Bleib, wo du bist. Jetzt gibt's die Belohnung!«

Im nächsten Moment stand sie hinter Pia und begann voll Eifer loszuschwingen.

»Juhu!«, juchzten sie beide, und die Schaukel sauste in hohem Bogen über den Sitzsack hinweg und wieder zurück.

Noch einmal schloss Pia die Augen. Doch diesmal nicht aus Angst, sondern weil sie diesen wunderbaren Moment ganz und gar genießen wollte.

Fünf Minuten später liefen sie durch die Regalreihen im Supermarkt und schauten sich aufmerksam die Waren an. Pia hielt das Klebeband mit den zusammengesetzten Plastikteilchen in der Hand. Poppy fuhr derweil suchend mit dem Finger die Verpackungen ab.

»Na, was macht ihr beiden denn hier?«, hörten sie da eine Stimme hinter sich.

Es war Lissy Lorence. Pia und Poppy kannten sie von ihrer Suche nach dem Professor. Die Pilotin hatte sie mit ihrem Wasserflugzeug zu einer kleinen Insel geflogen und geholfen, Grey von dort zu befreien.

»Hi, Mrs. Lorence«, begrüßte Poppy sie und

schüttelte ihr überschwänglich die Hand. »Wie geht es Ihnen?«

»Danke«, antwortete die trocken und betrachtete sie forschend. »Ihr helft euren Eltern doch nicht etwa beim Einkaufen?!«

Die Nachbarin wurde nicht umsonst von den meisten *Grumpy* Lorence genannt, denn sie wirkte nicht selten grummelig und schlecht gelaunt. *Grumpy* eben. Dabei war sie eigentlich sehr nett. Sie hegte nur ein tiefes Misstrauen gegenüber Kindern. Lissy Lorence fand, dass die Jugend von heute langweilig und viel zu angepasst und brav war.

»Wir sind auf der Suche nach einem Produkt, das einen kleinen Seelöwen vergiftet hat«, erzählte Pia. »Wir haben ihn gestern am Strand gefunden.«

»Ach, was …?!« An *Grumpy* Lorence' Gesicht konnte Pia ablesen, dass ihre Überzeugung gerade schwer ins Wanken geriet. »Ihr?«

»Ja, wir haben ihn ins *Mammal Center* nach Sausalito bringen lassen, wo er gepflegt wird«, bestätigte Poppy. »Cool, was?«

Die Pilotin nickte überrumpelt. »In der Tat. Ihr beiden überrascht mich doch immer wieder. Vielleicht wird ja doch noch mal was aus euresgleichen.«

»Geben Sie die Hoffnung bitte nicht auf, Mrs. Lorence!«, riet Poppy und zog Pia mit sich. »Es war bestimmt nicht das letzte Mal, dass wir Sie verblüffen.«

Pia stieß sie für ihre freche Art kichernd an. Aber Poppy meinte es ernst. »Warte mal ab: Eines Tages wird *Grumpy* Lorence noch richtig schwärmen von uns«, raunte sie leise.

»*Pff*«, lachte Pia. »Das will ich sehen.«

Soeben erreichten sie die Kühlschränke mit den Milchprodukten, die von einer Mitarbeiterin des Supermarkts aufgefüllt wurden.

Poppy stieß Pia an »Komm!« und trat zu der Frau. »Hallo. Können Sie uns vielleicht sagen, wozu das gehören könnte?« Sie hielt ihr das Klebeband hin.

Melanie – der Name stand auf dem Schild an ihrem Shirt – zog verwundert die Stirn in Falten.

Sicher hält sie uns für bekloppt, dachte Pia und wollte einschreiten. Doch da richtete sich die junge Frau schon auf und winkte sie mit sich. »Kommt mal mit. Wenn mich nicht alles täuscht, dann … Ja, das könnte es sein.«

Poppy nickte Pia bestätigend zu, und sie folgten ihr.

Ein paar Sekunden später standen sie in der Abteilung für Reinigungsmittel.

»Ha, hab ich recht oder hab ich recht?« Voll Stolz wies Melanie auf eine Flasche. »Das ist es doch, oder?«

Sie nahm Pia den Klebestreifen aus der Hand und hielt ihn daneben. Tatsächlich. *Soft Clean* stand auf der Packung. Das *S* stimmte in Farbe und Form zu hundert Prozent mit ihrem Fund überein. Es war ein Waschmittel für Wolle. *Soft Clean* bedeutet *weich* und *sauber*.

»Cool. Danke! Da hätten wir ja noch ewig suchen können«, bemerkte Poppy.

Melanie grinste. »Haben euch eure Eltern das Stückchen etwa mitgegeben, damit ihr Neues nachkauft?«

»Nee, wir haben's gefunden«, entgegnete Pia. »Es war im Magen eines Tiers. Im Meer.«

»Was?« Die Supermarktangestellte verzog betroffen das Gesicht. »Das ist ja furchtbar. Ist es etwa gestorben?«

»Nein. Wir hoffen, er überlebt. Er ist noch ganz jung. Ein *California Sealion*. Sie kümmern sich im Krankenhaus um ihn.«

»Puh«, seufzte Melanie. »Dieses verdammte Plastik. Ich bin echt froh, dass wir in unserem Laden eine Lösung dafür haben.«

Sie wollte sich abwenden und gehen, doch Poppy hielt sie neugierig auf: »Ja? Welche denn?«

»Na, wir nehmen doch alles Plastik zurück und sorgen dafür, dass es wiederverwertet wird.« Sie wies zu einem Plakat, das über ihren Köpfen im Gang hing. »Das ist doch Teil unserer Firmenpolitik.«

Pia und Poppy schauten nach oben. *Recycling for nature* stand dort. *Wiederverwerten für die Natur.* Es war ein Mann darauf abgebildet, der den Arm voller Plastikverpackungen hatte. In einer Sprechblase neben seinem Kopf stand: »Ich bin Jeff Greenwood, und ich kümmere mich um Ihren Müll, damit Sie ohne schlechtes Gewissen genießen können.«

»Das ist ja toll«, sagte Poppy. »Schade, dass nicht alle Läden so einen Jeff Greenwood haben.«

Melanie lachte. »Du sagst es! – Macht's gut, ihr beiden. Die Joghurts springen leider nicht von selbst ins Kühlregal.« Sie verschwand um die Ecke, und Pia stellte das Wollwaschmittel ins Regal zurück.

»So richtig viel schlauer sind wir jetzt aber trotzdem nicht, oder?«, sagte sie mit Blick zu Poppy.

»Nein. Nur, dass wir jetzt wissen, was die Plastikteilchen mal waren.«

Vor Poppys Haus verabschiedeten sie sich, und Pia

ging weiter zur *Villa Futura*. Auf ihrem Weg spürte sie eine plötzliche Traurigkeit in sich aufsteigen. *Warum zerkleinerte jemand eine Waschmittelflasche und warf sie ins Meer? War es Versehen oder sollten die Seelöwen am Ende bewusst vergiftet werden?*

Sofort sah sie wieder Snoopy vor sich, wie er sie mit seinen Knopfaugen ängstlich anschaute.

Armer, kleiner Kerl!

8

»Hi, ich bin zurück«, rief Pia, als sie die *Villa Futura* betrat. Genauso pflegte sie es auch in Leipzig zu tun, wenn sie nach Hause kam. »Jemand da?«

Sie erhielt keine Antwort.

Stattdessen vernahm sie die Stimme ihres Vaters aus dem oberen Stockwerk. »Betty! Nein. Stopp. Aufhören!«

Schnell rannte sie die Treppe hoch und fand Karsten im Elternschlafzimmer, wo er im wahrsten Sinne des Wortes mit dem Bett kämpfte. »Stopp, Betty. Stopp!«

Die Matratze hatte sich über Karsten zusammengeklappt und er steckte fest. Der Anblick erinnerte Pia an ein Hot Dog.

»Roll dich sofort auf, Betty!«, drang es aus dem Inneren. »Aufrollen. Jetzt!«

Aber Betty dachte gar nicht daran. Im Gegenteil. Sie legte sich nur noch enger um ihn.

»*Uargh*, nein!«

»Warte«, rief Pia und sprang vor, um die Fernbedienung aus seiner herauslugenden Hand zu nehmen.

»Hi Betty«, sprach sie in das Gerät, »kannst du dich bitte mal aufrollen?« In zuckersüßem Ton fügte sie hinzu: »Das wäre echt super nett von dir.«

Mit einem *Plopp* klappte daraufhin die Matratze auseinander und sank in den Rahmen zurück.

»Sehr gerne, Pia«, antwortete eine glucksende Stimme aus dem Inneren des Betts, und Karsten schaute verblüfft zu seiner Tochter.

»Wie hast du das denn gemacht?« Schnell sprang er auf, bevor Betty es sich am Ende noch mal anders überlegte.

»Ich war nur freundlich«, erklärte Pia mit einem verschmitzten Grinsen und gab ihm die Fernbedienung zurück. »Ich glaube, Betty ist ähnlich wie Molly programmiert.«

Pias Kleiderschrank Molly hatte sich als extrem

empfindlich erwiesen. Obwohl Karsten sie schon mehrmals umprogrammiert hatte, warf Molly immer wieder mit der Kleidung um sich. Erst gestern hatte sie Pia all ihre Unterhosen an den Kopf gepfeffert, weil die sich beschwert hatte, dass in der Schublade keine zu finden war. »Ich habe nun mal meine eigene Ordnung«, hatte ihr Molly darauf beleidigt erklärt und ihren Roboterarm in den Schrank zurückgezogen. »Dann eben nicht.«

Karsten schüttelte belustigt den Kopf. »Vielleicht sollte ich das Bett einfach auf *Betto* umprogrammieren, wenn die Damen so kompliziert reagieren.«

»Nein, Papa, das hat nichts mit Frau oder Mann zu tun«, widersprach Pia. »Du musst halt keine Befehle geben, sondern freundlich fragen. Das ist alles.«

Er lachte und strich ihr über den Kopf: »Ich werd's ausprobieren. – Wie wär's wenn wir jetzt zusammen Abendessen machen und du erzählst uns von deinem Tag?«

»Können wir Professor Grey fragen, ob er mitisst? Ich würde gerne hören, was er denkt.«

»Klar. Klingt ja ganz so, als hättest du was Spannendes zu berichten«, meinte ihr Vater.

Pia fand den Professor in der Werkstatt, die im Untergeschoss des Hauses lag. Gleich daneben befand sich sein Zimmer mit einem Bett, Nachttisch und einer Lampe. Mehr benötigte er nicht.

»So lenkt mich nichts von meinen Ideen für neue Erfindungen ab«, hatte er Allison mehrfach versichert, denn die hätte es ihm gerne gemütlicher eingerichtet, »und ich bin nah bei meinem Werkzeug.«

Er nannte sich einen *Vollblut-Technik-Freak*, auf Englisch hieß das schlicht *Techie*.

Pia war jedes Mal von Neuem beeindruckt, was der Erfinder alles an Werkzeugen und Gerätschaften besaß. Sie ahnte, dass der vollgestopfte Raum auch für ihren Vater ein absolutes Paradies darstellte. Denn Karsten liebte es genauso wie Grey, den ganzen Tag mit der Programmierung von Computern zu verbringen und an Maschinen rumzuschrauben.

Vorsichtig klopfte sie an den Rahmen der offen stehenden Tür und blieb an der Schwelle stehen.

»Hey, Pia, wie geht's?« Als der Professor sie erblickte, legte er sofort seinen Lötkolben zur Seite und winkte sie zu sich. »Komm rein!«

Auf seiner Werkbank stand eine Kiste von der Größe eines Schuhkartons. Pia kannte sie. Es war eine Art Käseschneidemaschine, die bisher allerdings nicht schnitt, sondern den Käse lieber zermatschte. Nun lagen viereckige Würfel davor.

Sie trat näher. »Was ist das?«

»Käsewürfel.« Der Professor rieb sich seinen Rauschebart. »Gestern waren es noch Kugeln. Mal sehen, ob ich *Cheesy* noch dazu bekomme, dass sie mir Scheiben schneidet.«

Pia lachte. *Cheese* hieß Käse. Die Würfel sahen wirklich nicht besonders appetitlich aus.

»Wollen Sie heute mit uns zusammen Abendessen?«, fragte sie.

»Gerne doch. Aber Achtung: Ich habe heute Hunger für mindestens drei Dinosaurier!«

»Kein Problem. Der Kühlschrank hat für mindestens hundert Menschen bestellt. Da werden sicher auch drei Tyrannosaurus Rex' von satt.« Sie winkte ihm zu und rannte zurück nach oben. Sie mochte den Professor sehr.

Wie toll wäre das, wenn er in Leipzig bei ihnen im Haus wohnen würde. Und Oma Maple. Und Poppy. Und und und. Ja, wenn Pia es sich recht überlegte, wollte sie keinen von ihnen mehr missen.

Eine halbe Stunde später saßen sie am langen Esstisch, und Professor Grey gab beim Anblick der Köstlichkeiten viele »Ahs« und »Ohs« von sich. Sie hatten für eine Brotzeit gedeckt, wie sie sie in Deutschland oft machten. Mit lauter deutschen Produkten. Allison war dafür extra in einen Supermarkt auf der anderen Seite der Stadt gefahren, der auf Lebensmittel aus ihrer Heimat spezialisiert war.

Voller Freude brachte Pia dem Professor nun Worte wie *Wurstsalat* und *Schmelzkäse* bei, die aus seinem Mund urkomisch klangen. Danach berichtete sie von ihrem Tag. Als sie beim Wollwaschmittel endete, sahen die drei Erwachsenen sie staunend an.

»Puh«, sagte Grey. »Ihr seid ja richtige Superdetektive!«

Pia zuckte mit den Schultern. »Na ja, ein bisschen schon, aber wir wissen trotzdem nicht, was wir jetzt damit anfangen sollen.«

Ihre Eltern musterten das Klebeband mit den Plastikteilchen. »Und du sagst, die finden das jetzt häufiger in den Tieren?«, fragte ihr Vater bestürzt.

»Dieses verdammte Plastik«, schimpfte ihre Mutter verdrossen. »Da dachten wir mal, es sei ein Segen für uns alle, aber mittlerweile werden wir echt eines Besseren belehrt.«

»Na ja, für vieles ist es ja auch gut«, widersprach ihr Karsten. »Es hat halt nur nichts im Meer zu suchen. Wenn man dem Material endlich einen Wert beimessen würde, hätten wir die ganzen Probleme nicht.«

Pia verstand nicht, was er damit meinte. »Was denn für einen Wert?«

»Na, guck dir doch mal die Dosen oder das Glas an«, sagte er. »Seit bei uns in Deutschland jemand entschieden hat, dass man dafür Geld bekommt, wenn man sie zurückgibt, findest du sie so gut wie gar nicht mehr auf den Straßen. Früher lagen sie zuhauf rum und verdreckten die Umwelt.«

Stimmt, das machte Sinn. Wenn man Geld dafür bekommt, hebt man es auch auf. So hatte Pia noch nie darüber nachgedacht.

»Aber neben den ganzen Tüten und allem, was da

im Meer rumschwimmt«, sagte sie, »ist das hier ja noch mal was anderes, oder? Das hat doch jemand extra klein gemacht.«

Ihr Vater nickte. »Ja, das stimmt. Ob es wirklich im Meer landen sollte oder ob es aus Versehen passiert ist, wissen wir aber noch nicht.«

»Haben sie euch im *Mammal Center* gesagt, wo sie die anderen Seelöwen gefunden haben, die ebenfalls solche Teile in sich hatten?«, fragte der Professor.

Pia schüttelte den Kopf. »Daran haben wir gar nicht gedacht.«

Der Erfinder zog die Stirn kraus. »Vielleicht gibt es unter diesen ja einen Seelöwen, der früher schon mal im *Mammal Center* gewesen ist und einen Chip an der Flosse hat«, überlegte er. »Dann könnte man seine Wege nachverfolgen und bekäme vielleicht einen Hinweis darauf, wo das Plastik herkommt.«

Pia betrachtete ihn aufmerksam. *Genau das war der Grund, warum sie ihn beim Essen dabei haben wollte!*

»Gute Idee«, fand auch ihre Mutter. »Kannst du diesen Rick nicht mal danach fragen?«

Pia nickte aufgeregt. Obwohl sie noch ein Brot mit ihrem Lieblingskäse auf dem Teller liegen hatte, konnte sie nicht mehr ruhig auf ihrem Stuhl sitzen bleiben. »Darf ich Poppy kurz anrufen?«, fragte sie aufgeregt. »Ich beeil mich auch. Ehrenwort!«

In Raketengeschwindigkeit stürzte sie in ihr Zimmer und wählte Poppys Nummer. Sie musste viermal anrufen, ehe die Freundin im Blumenhaus endlich abnahm. »Hey, Scotty, der Idiot, hat mein Handy versteckt, weil ich seine Tomaten aufgegessen habe«, sagte sie, ohne Hallo zu sagen. »Wie sieht's aus?«

»Kannst du Rick was fragen?«, bat Pia und erzählte ihr von der Idee des Professors.

»Hey. Klar. Das ist super«, jubelte Poppy. »Warum bin ich nicht darauf gekommen?«

Typisch Poppy Williams.

Vor lauter Begeisterung legte sie ohne ein Tschüss auf, und Pia hörte es nur noch tuten. Sie ahnte, dass es nicht lange dauern würde, bis Poppy zurückrief. Und tatsächlich dudelte der ihr zugeordnete Klingelton nach drei Minuten los. Es war ein Song, den Pia sich vor ein paar Tagen aus dem Internet runtergeladen hatte. *I'm Poppy* hieß er. *Ich bin Poppy.*

»Ja?«

»Es gibt tatsächlich so einen Seelöwen, dessen Bewegungen sie aufgezeichnet haben«, schallte es aufgeregt in ihr Ohr, »Und rate mal was.«

»Was?«

»Der hat sich die meiste Zeit in der Bucht vor Sausalito aufgehalten.« Der Ton von Poppys Stimme sank. »Danach hat er es gerade noch bis zum Marina Hafen geschafft. Sein Magen war voller winziger Plastikteilchen.«

»Ist er etwa tot?«, fragte Pia entsetzt.

»Ja«, murmelte Poppy. »Verdammter Obermist, oder?«

»Ja.« Pia biss sich auf die Unterlippe. »Und was machen wir jetzt?«

»Nachdenken! *Howgh*, Pia.«

»*Howgh*, Poppy.«

Pia kam an diesem Abend nur schwer zur Ruhe. Obwohl sie noch lange mit ihren Eltern und Professor Grey zusammengesessen hatte, lag sie nun hellwach in ihrem Schiffsbett und grübelte vor sich hin. Mit der Fernbedienung hatte sie Windstärke 1 eingestellt und hoffte, dass sie das sanfte Schaukeln etwas beruhigen würde. Wieder und wieder kreisten ihre Gedanken um Snoopy und all die anderen Tiere im Meer. Dabei sah sie die Inseln aus Plastik und das Konfetti vor sich.

Wie gerne wäre sie mit einem riesigen Staubsauger rausgefahren, um all den Müll einzusaugen und den Tieren ihre Sicherheit zurückzugeben. Aber so einfach war das leider nicht.

Als ihre Eltern ihr vorhin Gute Nacht gewünscht hatten, waren sie voll des Lobes gewesen, dass Pia dem Rätsel weiter nachgehen wollte. Statt stolz darüber zu sein, machte diese indirekte Erlaubnis zum Weiterforschen ihr ein wenig Angst.

Olivia und Alfie hätten bei einer derartigen Zustimmung tausend Luftsprünge gemacht. Und Pia wusste, wie froh sie sein konnte, dass ihre Eltern ihr so viel zutrauten. Trotzdem. In gewisser Weise schützte der Zaun der Andersons, der Olivia und Alfie so nervte, auch vor der eigenen Courage. Mit so einem Zaun brauchte man sich nämlich nicht dauernd zu fragen, was man sich zutraute und was nicht.

Nothing is won unless risks are taken, lautete Oma

Maples Lieblingsspruch. Auf Deutsch hieß es: Wer nicht wagt, der nicht gewinnt.

Es war genau das, was in Pias Bauch dieses komische Gefühl entfachte. Das noch unbekannte Risiko, das sie eingehen musste, wenn sie das Rätsel um Snoopys Vergiftung lösen wollte.

»Hey, pennst du etwa schon?«

Pia fuhr zusammen. Die Frage kam aus der Dunkelheit.

Als sie über ihren Bettrand lugte, sah sie Poppy Williams auf ihrem Schreibtisch sitzen. Lautlos war sie durchs Fenster gekrabbelt und baumelte nun frech mit den Beinen in der Luft. »Hab ich dich erschreckt?«

»Nein«, antwortete Pia. Es war gelogen.

»Schade!«, gluckste Poppy. Sie liebte Erschrecken genauso sehr wie Geheimnisse, Überraschungen und Abenteuer.

»Was ist los? Warum hast du keine Nachricht geschrieben?«, Pia kam die Strickleiter hinuntergeklettert.

»Ich hab einen Plan«, sagte Poppy und hob bedeutsam den Zeigefinger. »Den wollte ich dir gerne persönlich mitteilen.«

9

Pia fand sich am nächsten Mittag um 14 Uhr vor dem Haus der Williams ein.

Wie bei ihren vorangegangenen Besuchen brauchte sie nicht zu klingeln, denn Poppys älterer Bruder Scotty kroch mal wieder im Vorgarten zwischen seinen Gurkenpflanzen umher und rief bei Pias Anblick: »Poppy, du kannst endlich 'ne Fliege machen, deine Freundin ist da!«

Sogleich erschien der Kopf mit den frechen Haarknoten rechts und links über den Ohren im Fenster des Spitzdachs, und Poppy ließ sich an den Tauen der Schaukel herunter. Auf dem Rücken trug sie wie Pia einen Rucksack.

»Mom, wir können!«, rief sie durch die angelehnt

stehende Haustür. »Lass uns heute ausnahmsweise mal pünktlich sein, ja?« Mit einem Zwinkern raunte sie Pia zu: »Wenn eines nicht zusammenpasst, dann ist es meine Mutter und Pünktlichkeit.«

Zu Poppys Plan gehörte, dass sie ihre Großmutter Rose auf deren Hausboot in Sausalito besuchten und dort übernachteten. Rose Williams besaß ein Kajak, mit dem Poppy die Stellen abfahren wollte, an denen der Seelöwe häufiger gewesen war, der später, von den Plastikteilchen vergiftet, in der Marina gefunden wurde.

»Guck, ich hab die Karte, die mir Rick geschickt hat, für uns ausgedruckt«, sagte sie. »Da findest du die genauen Koordinaten drin verzeichnet.« Das Papier hatte sie mit Folie beklebt, damit es vor Wasser geschützt war.

Poppy hatte mal wieder an alles gedacht!

»Na, dann mal los, *Ladies*!«, rief Flo Williams hinter ihnen.

Pia kannte Poppys Mutter noch nicht. Als sie sie sah, wusste sie aber sofort, wo Poppy ihr dichtes Haar und die schokoladenbraunen Augen herhatte. Flo Williams war umwerfend schön. Aus Pias Sicht wäre sie locker als Model oder Schauspielerin durchgegangen, aber das schien das Letzte zu sein, was sie interessierte. Wie bei Poppy setzte sich ihre Kleidung aus einer wilden Mischung unterschiedlicher Farben und Muster zusammen. Und hier und da hielten Sicherheitsnadeln ein Loch zusammen. »Schön, dich kennenzulernen, Pia«, sagte sie und knuffte ihr den Arm. »Ich hoffe, du weißt, auf was du dich einlässt, wenn du mit meiner Tochter befreundet bist?!«

»Ähm ...« Pia blickte unsicher zu Poppy. *Gab es etwa noch etwas, das sie wissen sollte?*

Poppy verdrehte stöhnend die Augen und entgegnete: »Oh, Mann, Mom, kannst du dich nicht einmal wie ein normaler Mensch benehmen?« Kopfschüttelnd ging sie zum Auto und öffnete die hintere Tür. »Warum Eltern nur immer so peinlich sein müssen?!«

»Du Arme!«, foppte ihre Mutter sie gespielt mitleidig und schlug vor: »Ich muss euch nicht fahren. Du kannst auch gerne hier bei deinem Bruder bleiben.«

»Auf gar keinen Fall, Mom!«, protestierte Scotty und schoss hinter seinem Erbsenstrauch vor. »Heute ist Erntetag, da brauch ich hier keine nervige kleine Schwester.«

»Ha, Ha«, rief Poppy vom Auto. »Ich glaub, ihr habt meine Anzeige in der Zeitung noch nicht gelesen: *Familie zu verkaufen!* Leider will euch bisher keiner haben. Mal überlegt, warum?«

Ihre Mutter kicherte. »Der war nicht schlecht, Poppychen, den muss ich mir merken.«

Poppy nickte darauf zufrieden und rief zu Scotty: »Pass auf, dass du nicht von deinen Würmern gefressen wirst, Bruderherz.«

»Keine Sorge, den Gefallen tu ich dir nicht«, versprach er und tauchte hinter seinen Pflanzen ab.

Pia brauchte einen Moment, bis sie begriff, dass die Frotzeleien zwischen den Williams nichts anderes als Liebesbekundungen waren. Die ganze Familie schien einen Riesenspaß daran zu haben, gegeneinander zu sticheln

»Soll ich euch morgen wieder abholen oder fahrt ihr lieber peinlichkeitsfrei mit dem Bus?«, fragte Flo, als sie auf der anderen Seite der Bucht vor der Hausboot-Kolonie hielt.

»Ich glaube, wir fahren lieber mit dem Bus, Mom. Pia soll ja nicht noch mehr Kopfschmerzen bekommen, als sie sie nach dieser Fahrt ganz sicher hat.«

»Na, dann. Viel Spaß!«, entgegnete Flo Williams und warf ihr Luftküsse zu. »Esst bei Grandma Rose bitte bloß nichts Gesundes. Du weißt, darauf steht Höchststrafe.«

»Keine Sorge«, rief Poppy und pustete ihr ein paar Küsse zurück.

Auch Pia winkte. »Danke, Mrs. Williams.«

»Oh, Mann. Familie, ich sag's dir«, stöhnte Poppy, als das Auto weg und sie alleine waren. »Gut, dass wir einen Tag Ferien von denen haben.«

Sie wies mit einer Kopfbewegung zu dem bunt gestrichenen Eingangstor. »Bist du bereit für das Reich der Glücklichen und Entspannten?«

»Ja.«

Gemeinsam betraten sie das Gelände und gingen an einer Reihe Briefkästen vorbei. Ihre Besitzer hatten sie in allen möglichen Farben verziert. Auf einem leuchtete ein Sonnenuntergang, ein anderer war mit Blumen bemalt, der nächste mit Delfinen und Walen.

»Die Leute, die hier auf den Booten wohnen, sind alle Aussteiger.«

Pia kannte das Wort nicht. Weder im Englischen noch im Deutschen. »*Aussteiger*?«

»Sie leben hier ganz nach ihren eigenen Regeln und wie es ihnen gefällt – und nicht nach den Vorschriften, die sonst alle befolgen.«

Pia nickte beeindruckt und betrachtete dabei die Hausboote, die am Steg festgemacht waren. Eins

sah verrückter aus als das andere. Hatte das eine die Form und das Aussehen eines Walfischs, so erinnerte das nächste an eine Art Villa Kunterbunt mit Windrädern und Sonnenkollektoren drauf. Hier baumelte eine Schaukel am Mast, dort thronte eine Badewanne an Deck. Zwischendrin waren überall Sprüche auf die Pfähle gepinselt, an denen die Boote festgemacht waren: *Lebe dein Leben. Sei du selbst. Die Natur ist dein Herzschlag. Du befindest dich genau da, wo du sein willst.*

Es gab so viel zu entdecken, dass Pia gar nicht wusste, wo sie zuerst hinschauen sollte.

Am Ende des Stegs erreichten sie eine Telefonzelle, die auf Stützen im Wasser stand. »Das ist die Bibliothek. Jeder stellt hier ein Buch rein, wenn er oder sie es gelesen hat und nimmt sich ein neues raus.«

Pia öffnete neugierig die Tür. Es sah aus, als schwebe die Zelle über dem Wasser. In ihrem Inneren stand ein Sessel mit Leselampe und lauter Regale drumherum, vollgepackt mit Büchern.

»Boa, ist das gemütlich. Total cool!«, fand Pia.

Der Anblick löste die sofortige Lust aus, sich reinzusetzen und loszulesen.

»Da wohnt meine Grandma.« Poppy zeigte nach rechts.

Am Ende des Stegs sah man ein rosa Boot, zu dem eine kleine Brücke führte. Davor lag ein flauschiger Golden Retriever und schlief.

»Hey, Bonny«, rief Poppy. »Na, du Penntüte. Sag mal *Guten Tag*!«

Die Hündin kam zum Sitzen auf und sprintete auf sie zu. Aufgeregt sprang sie an ihnen hoch, dass Pia fast hintenüberkippte. Dabei schleckte ihr das Pelztier mit der Zunge durchs Gesicht, dass es nur so kitzelte.

»Aus, Bonny, aus«, rief Poppy kichernd und wischte sich mit ihrem T-Shirt die feuchte Wange trocken. »Bäh.«

Pia streichelte der Hündin begeistert das Fell. Schon immer hatte sie sich einen Hund gewünscht, doch ihr Vater war leider allergisch. »Die ist ja niedlich!«

»Da seid ihr ja«, rief es im gleichen Augenblick.

Als sie sich umblickten, sahen sie allerdings niemanden.

»Grandma?«, fragte Poppy.

»Hier unten!«

Die Stimme kam vom Wasser, und sie traten vor, um über den Rand des Steges zu schauen. Eine Frau saß dort in einem Kajak. Sie trug eine Badekappe, die das Aussehen eines Salatkopfes hatte. Ansonsten war sie splitterfasernackt.

»Oh, Mann, Grandma«, stöhnte Poppy und hielt Pia die Augen zu.

»Was denn? Sag bitte nicht, deine Freundin hat noch nie 'ne alte schrumpelige Frau gesehen?!«

»Doch, Grandma, ganz sicher sogar. Aber keine mit Salatkopf auf der Rübe.«

Rose Williams band kichernd ihr Kajak an den Pfahl und kam die Leiter hinauf. An einem Nagel hing ihr Bademantel. »Dein Bruder hat sie mir geschenkt und dann trage ich sie natürlich auch«, erklärte sie.

Pia überlegte, ob Oma Maple sich auch einen Riesenkeks auf den Kopf setzen würde, wenn sie ihn ihr zu Weihnachten schenkte? *Ganz sicher nicht.*

»Hallo, dann bist du also die berühmte Pia«, sagte Poppys Großmutter, nun im Bademantel, und streckte ihr die Hand hin. »Ich denke mal, deine Freundin hat dich auf ihre *merkwürdige* Oma vorbereitet.«

Pia musste sich ein Grinsen verkneifen, denn Poppy hatte sie tatsächlich vorgewarnt: »Grandma Rose ist so ziemlich das Bekloppteste, das du dir vorstellen kannst. Sie ist die Mutter von meinem Vater und ein absoluter Vollblut-Hippie. Wundere dich also nicht, wenn sie Dinge tut, bei denen du selbst vor Peinlichkeit im Boden versinken würdest.«

»Hallo, Mrs. Williams«, sagte sie.

»*Uh,* Hilfe. Bloß nicht. Nenn mich bitte Rose! Ansonsten fühl ich mich ja, als wäre ich hundert.«

»Mach ich«, versprach Pia. Allerdings fand sie es gar nicht leicht, eine wildfremde Dame mit ihrem Vornamen anzusprechen. Zwar wusste sie, dass es hier in Amerika viel normaler war als in Deutschland, aber dennoch.

»Eure Betten sind schon gemacht«, sagte Rose Williams und wies zum Hausboot. »Heute Abend grillen wir.«

»Cool!« Poppy zog Pia mit sich über die Brücke. »Aber erst wollen wir mit dem Kajak raus.«

»Was ist es denn, was euch so begierig aufs Wasser treibt?«, wollte ihre Großmutter wissen.

»Ein Geheimnis«, gab Poppy zur Antwort. Mehr nicht.

Für Pia war es das erste Mal, dass sie ein Hausboot betrat, und sie schaute sich neugierig um.

»Hier siehst du das Wohnzimmer, da das Schlafzimmer meiner Großmutter und da drüben wohnen wir«, erklärte Poppy ihr.

»Wow.« Wo auch immer Pia hinschaute, lagen und standen interessante Dinge herum. Andenken aus fernen Ländern, alte Ferngläser und Schiffsgerätschaften, Figürchen, Bücher, riesige Kissen, in die man sich hineinfläzen konnte, sowie ein Holzofen, neben dem ein Stapel mit Spielen stand. »Hier würde ich sofort wohnen wollen«, bemerkte sie.

»Na, dann. *Tata* … unser Zimmer«, sagte Poppy und schob die Tür am Ende des Raumes auf.

Dahinter fand sich die Spitze des Schiffes. Die Zimmerdecke war ganz aus Glas und man konnte ungehindert in den strahlend blauen Himmel schauen. Darunter hingen zwei Hängematten, die voller frisch bezogener Kissen und Decken waren. Es sah so kuschelig aus, dass man am liebsten sofort reingehüpft wäre.

»Schlafen können wir später, jetzt geht's auf

Abenteuertour!«, verkündete Poppy, als könnte sie Pias Gedanken lesen, und hielt ihr eine Schwimmweste hin.

»*Urgh*«, murmelte Pia. »Hoffentlich kippen wir nicht um!«

Das Kajak war beängstigend wackelig, und sie klammerte sich an den Rändern fest. »Nicht so schnelle Bewegungen machen«, bat sie Poppy.

»Keine Sorge! Das Wasser ist so kalt. Da wollen nur schrumpelige Großmütter mit Salatköpfen rein, aber ganz sicher nicht wir.«

»Ha, das hab ich gehört, Poppylomini«, rief es von Deck. »Das gibt für dich einen Gemüsespieß weniger heute auf dem Grill.«

»Au ja«, lachte Poppy und stieß sich mit dem Ruder vom Steg ab. »Bis später, Grandmalomini!«

Rose Williams winkte ihnen aus ihrem Liegestuhl, der auf dem Dach ihres Hauses stand, hinterher.

Alles, was sie anhatte war eine Sonnenbrille.

10

Poppy saß vorne und ruderte, während Pia hinter ihr mit der Karte die Richtung anwies. »Da weiter rüber.«

Zum Glück waren neben den Koordinaten, die sie in die Offline-Karte ihres Handys eingeben konnte, von Rick weitere Anhaltspunkte eingezeichnet worden, die ihr halfen sich zurechtzufinden. Es waren Bojen, Pfähle und Schilder für die Boote, die im Wasser standen.

Die Hausboot-Kolonie lag bereits ein ordentliches Stück hinter ihnen, und es war nicht mehr weit bis zu dem Bereich, in dem Rick mehrere Kreuze gemalt hatte, da rief Pia: »Noch ein Stück weiter geradeaus, dann kommt die erste Stelle.«

Sie war froh, dass auf ihrem Weg keine größeren Boote unterwegs waren, die das Kajak ins Wanken bringen konnten.

»Hol schon mal die Sachen zum Fischen raus«, bat Poppy über ihre Schulter.

Von zu Hause hatte sie zwei Netze und ein paar Gläser mitgebracht. Mit ihnen wollten sie im Wasser fischen und sehen, ob sich hier draußen Plastikteilchen fanden.

»Jetzt sind wir genau da, wo auch der Seelöwe war.« Pia hielt ihr Handy hoch, damit Poppy sehen konnte, dass die Koordinaten darauf mit denen auf der Karte übereinstimmten.

Die sicherte das Ruder und streckte ihre Hände aus. »Gib mir mal ein Netz.«

Immer wieder strichen sie mit den mitgebrachten Gerätschaften durchs Wasser und hielten die gefüllten Gläser ans Licht. Doch es war nichts zu sehen.

»Alles glasklar«, murmelte Poppy.

»Mist!«

Nicht, dass Pia gerne jede Menge Müll gefunden

hätte. Im Gegenteil. Aber sie wollten doch das Rätsel lösen.

Über drei Stunden suchten sie die auf der Karte markierten Stellen ab, dann gaben sie schließlich erschöpft auf.

»Jetzt weiß ich ehrlich gesagt auch nicht mehr weiter«, schnaufte Poppy, als sie wieder beim Hausboot ankamen.

Pia ging es genauso.

Es war zum Heulen.

Poppys Großmutter erwartete sie im Blumenkleid mit selbst gemachter Zitronenlimonade auf dem Dach ihres Hausboots. Als ahnte sie, dass Pias und Poppys Laune nicht die beste war, reichte sie ihnen zur Vorspeise jeweils einen Bananen-Marshmallow-Stick, den sie über das in einer Schale flackernde Feuer halten konnten. Drum herum hatte Rose die Liegestühle aufgestellt, und Pia ließ sich müde in einen hineinfallen. Bonny kam angelaufen und legte sich ihr zu Füßen.

Während die Marshmallows langsam knusprig wurden, reichte Rose ein Tablett herum, auf dem

sich viele weitere Spieße befanden. Mit Käse, Gemüse und Obst. Je nachdem, wonach einem war.

»*Mhm*, sieht das lecker aus!« Pia langte hungrig zu.

Auch bei Poppy kehrte beim Anblick der Köstlichkeiten die gute Laune zurück. »Traube-Süßkartoffel-Kürbis. Meine Lieblingskombi!«, juchzte sie. »Die sind alle nur für mich.«

»Ha, na warte«, rief Pia und sicherte sich schnell zwei auf ihrem Teller.

»Erzähl Pia doch mal, warum Bonny *Bonny* heißt!«, forderte Poppy ihre Großmutter auf. »Jede Wette, sie hat noch nie von der Piratin gehört?«

»Echt nicht?«, fragte Rose.

Pia schüttelte den Kopf.

»Die meisten Piraten früher waren ja Männer. Aber es gab auch ein paar wenige Frauen. Die berühmteste unter ihnen war Anne Bonny«, begann sie ihre Erzählung. »Eine Frau in diesem Geschäftszweig war damals alles andere als normal. Gemeinsam mit ihrer Kollegin plünderte Anne über viele Jahre hinweg Schiffe auf dem Meer und raubte, was sie kriegen konnte. Sie war so furchtlos und mutig, dass sogar ihre männlichen Kollegen vor ihr zurückschreckten.«

Poppys Großmutter berichtete ihnen in der nächsten Stunde von Bonnys spannenden Abenteuern, und Pia liefen mehrfach Schauer über den Rücken.

»Gibt es denn heute immer noch Piraten?«, fragte sie, nachdem die Geschichte geendet hatte.

»Draußen auf dem Meer vor Afrika: ja. Aber hier bei uns: nein, keine Sorge«, entgegnete ihr Rose. »Hier könnt ihr so sorglos wie zwei Hundebabys schlafen.«

In Decken gehüllt saßen sie noch bis spätabends an der Feuerschale und tranken zum Abschluss eine heiße Mandelmilch mit Honig. Dann taumelten sie in ihre Schlafkajüte, und Pia ließ sich mit einem ausgelassenen Seufzer in ihre Hängematte fallen. »Puh, bin ich müde!«

»Hey, Rick hat geschrieben«, vermeldete Poppy und las die SMS vor: »*Snoopy geht es besser. Wenn ihr wollt, könnt ihr morgen kommen, um ihn mit mir zu füttern.*«

»Yeah!«, jubelte Pia und schaute erleichtert durch das Fenster in den Himmel hinauf. »Wenn ich jetzt eine Sternschnuppe sähe, würde ich mir wünschen, dass er ganz schnell wieder ins Meer zurück kann.«

»Oh, ja. Ich auch«, stimmte Poppy ihr zu. »Siehst du da den Großen Wagen?« Sie zeigte mit dem Finger zu den Sternen. »Den hat mir mein Großvater in Arizona geschenkt.«

»Echt? Wie kann er das denn machen?«

Poppy grinste schelmisch. »Wenn man will, kann man alles. – Wusstest du, dass der Große Wagen in Australien *saucepan upside down* heißt?«

Nein, davon hatte Pia noch nie gehört.

»Das liegt daran, dass die Australier auf ihrem Teil der Erde alles andersherum sehen. Und da sieht der Große Wagen halt wie ein umgedrehter Saucentopf mit Stiel aus.«

Pia kicherte. Die Idee gefiel ihr.

»Vielleicht können wir da ja irgendwann mal zusammen hinfahren und es uns selbst anschauen«, hörte sie Poppy neben sich.

»Oh, ja, das wäre obercool.« Die Idee löste in Pia ein sofortiges Kribbeln aus. Nicht nur, weil es eine aufregende Vorstellung war, dass sie eines Tages alt genug waren, um alleine in der Welt rumzureisen. Es freute sie, dass Poppy offensichtlich der Überzeugung war, dass sie auch in Zukunft enge Freundinnen blieben.

»*Howgh,* Poppy. Schlaf gut.«

»*Howgh*, Pia. Sweet dreams.« Es bedeutete: *süße Träume*.

11

Ein Knarzen ließ Pia aus dem Schlaf hochschrecken.

Sie brauchte einen Moment, um sich zu erinnern, wo sie war. Unsicher richtete sie sich in ihrer Hängematte auf und blickte sich um. Alles war dunkel. Sie lehnte sich vor, um nach ihrem Handy auf dem Boden zu tasten. Es zeigte 2:33 Uhr an.

Pia wollte sich umdrehen und schnell weiterschlafen, da sah sie, dass Poppys Hängematte neben ihr leer war.

Ist sie vielleicht aufs Klo gegangen?

Sie wartete einen Augenblick und horchte, ob sie ein Rauschen oder Schritte vernahm. Aber stattdessen knarzten erneut die Holzdielen über ihrem Kopf.

War das Poppy?

Pia hielt den Atem an und lauschte angespannt. Nun war es wieder still. *Es gibt hier keine Piraten*, versuchte sie sich selbst zu beruhigen. *Also kann es ja nur Poppy sein.*

Sie gab sich einen Ruck und glitt aus ihrer Hängematte. In ihrem Smartphone schaltete sie die Taschenlampe an und schlich los. Die Schlafzimmertür von Poppys Großmutter war verschlossen, und Bonny lag schnarchend davor. Ohne dass die Hündin etwas mitbekam, gelang es Pia, an ihr vorbei zu tippeln. Draußen auf dem Schiffsdeck wehte ein kühler Wind, und Pia spürte, wie das Boot unter ihren Füßen mit den Wellen schwankte.

»Poppy?«, raunte sie und schaute sich suchend um.

Sie bekam keine Antwort. Dafür vernahm sie ein Tuckern in der Ferne. Und war da nicht ein Schatten an der vorderen Reling zu sehen? *Es ist Poppy!*, erkannte Pia.

Mit baumelnden Beinen saß sie an der Spitze des Bootes und blickte mit dem Fernrohr ihrer Großmutter über das Wasser.

»Was tust du da?«, fragte Pia und trat neben sie.

Poppy, die so auf ihre Betrachtung konzentriert war, zuckte erschrocken herum.

»Was …?«, setzte Pia an, doch Poppy legte den Finger auf die Lippen »Pschsch!« und deutete aufs Wasser.

Stumm reichte sie Pia das Fernrohr.

Spielt sie jetzt Piratin, oder was?

Aber nein, das war es nicht. Was Poppy meinte, war der Kutter, von dem das Motorengeräusch kam. Pia sah ihn schemenhaft in der Ferne.

»Müsste der nicht Licht anhaben?«, fragte sie flüsternd und kniff hinter der Gucklinse ihr Auge zusammen, um noch ein bisschen besser sehen zu können.

»Ja«, hauchte Poppy.

»Hey, da bewegt sich was«, bemerkte Pia. »Da läuft jemand über Deck.«

»Zeig!« Poppy nahm ihr das Fernrohr ab.

»Was macht er da?«, zischte sie im nächsten Augenblick. »Er hebt was auf.« Pia konnte es mit bloßen Augen nicht erkennen.

»Was ist es denn?« Ohne es zu wollen, begann Pias Herz an Fahrt aufzunehmen.

»Etwas Großes. Ich kann's nicht erkennen.« Poppy

gab Pia aufgeregt das Sichtgerät zurück. »An der vorderen Spitze.«

Jetzt sah es auch Pia. Soeben wuchtete die Person einen Gegenstand hoch und … »Er wirft es ins Wasser.«

Das Platschen war bis zu ihnen zu hören, aber man konnte durch das Fernrohr nicht erkennen, um was es sich handelte.

Poppy fuhr zu Pia herum und blickte sie mit aufgesperrten Augen fragend an.

Pia überlegte.

Da kam ihr eine Idee.

Schnell griff sie nach ihrem Smartphone, das sie auf dem Boden abgelegt hatte und schaltete es ein. »Wir versuchen es zu filmen.«

»Ja, mach schnell«, bat Poppy.

Es brauchte einen Moment, bis Pia den Kutter auf dem Display ihres Handys fand. Sie drückte auf »Aufnahme« und sah im gleichen Moment, wie die Person erneut etwas ins Wasser warf.

»Ey, der spinnt doch!« Poppy konnte nicht mehr an sich halten und schrie empört: »Was tun Sie da? Das ist verboten!!!«

Wuff, wuff, wuff begann es da zu bellen, und

Bonny kam von ihrem Ruf geweckt an Deck. *Wuff, wuff, wuff.*

Pia tat sich schwer, bei dem Schreck die Kamera ruhig zu halten. Die Person ließ plötzlich alles fallen und rannte in das Führerhaus.

»Pscht«, zischte Poppy Bonny an. »Sei still! Aufhören!«

»Er haut ab«, vermeldete Pia unruhig.

Das Schiff verschwand in der Dunkelheit, und mit ihm das Motorengeräusch. Schlagartig war es still und nur Bonnys aufgeregtes Hecheln zu hören.

Poppy kraulte der Hündin das Fell. »Ist ja gut, Bonny.«

Um sie herum gingen hier und da Lichter in den Hausbooten an, und sie machte Pia Zeichen, dass sie sich besser schnell verdrückten.

Im Wohnzimmer angekommen, horchten sie, ob auch Grandma Rose aufgewacht war, aber aus ihrem Zimmer kam kein Geräusch.

»Sie hat ihr Hörgerät nicht an«, stellte Poppy erleichtert fest und lief auf Zehenspitzen schnell weiter zu ihrer Schlafkammer.

Bonny folgte ihnen und legte sich unter ihre Hängematten.

Die flauschige Felldame war die Erste, die wieder eingeschlafen war und Schnarchgeräusche von sich gab. Pia und Poppy hingegen starrten aufgekratzt in den Sternenhimmel über ihnen.

»Denkst du, was ich denke?«, flüsterte Pia.

»Ja. Das war ganz klar was Verbotenes.«

»Und es war da, wo wir heute waren«, ergänzte Pia.

»Werft ihm die Fische in das Becken, dann kann er danach tauchen«, wies Rick sie am nächsten Tag an.

Da Poppys Großmutter kein Auto besaß, hatte sie ein Taxi zum *Mammal Center* gebracht. Dort angekommen, waren Pia und Poppy eilig in die für sie bereitliegenden wasserdichten Anzüge geschlüpft, und Rick hatte sie zu den Gehegen geführt.

Sie wollten ihm später berichten, was sie in der Nacht beobachtet hatten.

»Ja, genau so macht ihr's richtig«, bedeutete er ihnen leise, denn die Tiere sollten sich auch nicht an menschliche Stimmen gewöhnen.

Am Vorabend hatten die Pflegerinnen und Pfleger Snoopy in ein Gehege mit Pool verlegt, denn es war ihm schlagartig besser gegangen. Aus Pias Sicht war es ein Unterschied wie Tag und Nacht. Hatte er vor zwei Tagen noch reglos zwischen seinen Artgenossen gelegen, so war er nun mopsfidel und tauchte mit den anderen um die Wette.

»Euer kleiner Freund hat echt Glück gehabt«, bestätigte Rick, als sie zurück in die Eingangshalle

kamen. »Wenn's so weitergeht, kann er bald ins Meer zurück.«

»Das wäre ja super!«, freute sich Pia.

»Wozu wolltet ihr eigentlich die Koordinaten haben?«, fragte Rick, und kam ihrem Bericht damit zuvor.

»Wir wollten sehen, ob da, wo der vergiftete Seelöwe sich aufgehalten hat, vielleicht diese Plastikteilchen zu finden sind«, erklärte Poppy.

Rick zog überrascht die Stirn in Falten. »Und?«

»Leider Fehlanzeige«, sagte Pia. »Aber heute Nacht haben wir dafür was Komisches beobachtet.«

»Ja«, setzte Poppy aufgeregt fort. »Vielleicht ist's ja totaler Blödsinn, aber … Pia hat ein Video gemacht.«

Rick betrachtete den Film und lauschte ihrer Erzählung. Leider war das Video viel zu dunkel und der Kutter zu weit weg.

»*Puh*«, murmelte Rick. »Da kann man ja leider wirklich nichts Eindeutiges drauf erkennen. Merkwürdig klingt's trotzdem – wenn nicht sogar alarmierend.« Er überlegte. »Und ihr sagt, es war genau in dem Bereich, von dem ich euch die Karte geschickt habe?«

»Ja.«

»Hm.« Rick schaute auf seine Uhr. »Ich hab hier heute noch bis zum frühen Nachmittag Dienst …« Er rieb sich mit der Hand über sein krauses, kurzes Haar und schnaufte. »Wenn ich ehrlich bin, würde ich mir die Stelle gerne selbst mal ansehen.«

»Kein Problem!«, rief Poppy begeistert. »Wir zeigen sie dir.«

»Ein Boot hätten wir hier«, sagte Rick, »doch …« Er schaute sich unsicher um und überlegte. »Wenn ihr von oben nichts gesehen habt, frage ich mich, ob wir nicht eigentlich Taucher bräuchten.« Er schüttelte den Kopf. »Im Moment wüsste ich allerdings nicht, wo wir die so schnell herkriegen sollten. Die sind um diese Jahreszeit immer alle ausgebucht.«

»Das heißt, es geht doch nicht?«, fragte Poppy enttäuscht.

»Na, ja, wenn wir in die Tiefe sehen wollen …« Rick verzog das Gesicht. »Vielleicht war meine Idee mit heute Nachmittag doch etwas voreilig.«

»Wie wäre es, wenn wir die Kamera vom Professor nähmen?«, platzte Pia hervor.

Die beiden schauten sie überrascht an.

»Es ist ein Gehäuse dabei, mit dem man sie unter Wasser benutzen kann«, erklärte sie.

»Was? Genial!«, rief Poppy. »Das ist es. Wo sollen wir Nachmittag sein?«

Sie war wieder voll in ihrem Element.

»Um drei Uhr auf eurer Seite am Marina Hafen«, entgegnete Rick. »Ich sammle euch mit dem Schnellboot auf.«

12

Vor der *Villa Futura* zog Poppy Pia nach rechts mit sich – weg von der Eingangstür. »Lass uns hier lang, da sind wir schneller.«

Wie immer bevorzugte sie das Fenster, um direkt in die Werkstatt des Professors zu gelangen.

Ihn schien der Überfall in keiner Weise zu erschrecken. Eher im Gegenteil. Er hatte Poppys Besuche in letzter Zeit sichtlich vermisst. »Hey, Poppy Williams, das ist ja mal 'ne schöne Überraschung. Lange nicht gesehen!« Freudig half er ihnen über seinen Werktisch hinweg ins Zimmer.

»Wir brauchen deine Kamera, Professor«, sagte Poppy. »Mit Unterwassergehäuse bitte.«

»Und darf man fragen wofür?«

Poppy schaute unsicher zu Pia, denn sie wusste nicht, wie viel der Professor und damit Pias Eltern wissen durften.

»Es geht um Snoopy«, erklärte die. »Und das Plastik, von dem ich Ihnen erzählt habe.«

»Ui. Na, dann.« Schnell holte er das Aufnahmegerät und gab es ihr. Poppy bekam das dazugehörige wasserdichte Behältnis. Es war durchsichtig und mit einem langen Seil verbunden. »Du musst dir die App runterladen«, erklärte er Pia, »damit du auf deinem Smartphone verfolgen kannst, was die Kamera unten sieht.«

»Funktioniert das denn auch ohne Internet?«, fragte sie, denn sie konnte hier in Amerika aus Kostengründen nur das WLAN nutzen.

»Ja, es verbindet sich via Bluetooth. Du aktivierst einfach diesen Knopf und gibst in deinem Smartphone den Namen der Kamera ein. So finden sich die beiden und alles ist perfekt.« Er zeigte es ihr, und Pia bemerkte mit einem Zwinkern in Poppys Richtung: »Das ist ja wirklich pipileicht.«

Wir sind zurück. Was gibt's Neues?

Die Nachricht der Zwillinge erreichte sie in ihrem Zimmer. Sie war parallel auch an Poppy gegangen, aber die hatte mal wieder vergessen, ihren Akku aufzuladen.

Wenn man mit Poppy Williams in eine Notsituation geriet, dann war Hilfe rufen eine echte Fehlanzeige, dachte Pia nicht zum ersten Mal. *Andererseits*, musste sie zugeben, *hatte sie garantiert hundert Ideen, wie man sich aus einer Notlage auch wieder selbst befreien konnte.*

»Hier, willst du antworten?« Sie hielt Poppy ihr Handy hin, damit die eine Audio-Nachricht zurücksandte.

»Hallo, ihr beiden. Pia und ich sind mit unserem Boot gekentert und fast von einer Seeschlange erwürgt worden. Zum Glück konnte ich einen Unterwasserfurz ablassen, der so sehr gestunken hat, dass er noch in Australien zu riechen war. Deshalb sind wir jetzt auch wieder heil an Land. Aber heute Nachmittag fahren wir noch mal mit Rick raus, um das Ungeheuer zu fangen und in den Zoo zu bringen. Macht ihr mit?« Poppy beendete ihre Aufnahme mit einem Kichern.

Es dauerte keine Minute, da kam Olivias und Alfies Antwort.

Wir sind dabei!!!

Es folgten weitere SMS im Sekundentakt, in denen die Zwillinge – *Bling, bling, bling* – schrieben, wie sie es anstellen wollten, dass ihre Eltern nichts mitbekamen.

Die machen sich sonst nur unnötig Sorgen.

Belustigt las Pia Poppy den wasserdichten Plan vor und sie waren sich einig: »Die beiden sich echt Profis im Ausredenerfinden, oder?!«

Wie verabredet, standen die Zwillinge denn auch um Punkt 14 Uhr vor Pias Tür und brachten ein Spiel mit. Es handelte sich um ein Brettspiel, das laut Alfie »mindestens drei Stunden« dauerte. So hatten sie es auch ihren Eltern gesagt, damit die sich nicht nach einer Stunde bereits sorgten.

»Ma, Pa«, rief Pia in Richtung Küche, »wir gehen jetzt nach oben und *spielen*.« Das Wort *spielen* betonte sie dabei bewusst, denn sie hatte die beiden eingeweiht. »Wenn irgendjemand nach uns fragt, dürfen wir in den nächsten drei Stunden auf GAR KEINEN Fall gestört werden, okay?«

Ihre Eltern lugten um die Ecke und legten wie zwei Soldaten die Hände an die Schläfen: »Aye, aye Käpt'n.«

Olivia und Alfie warfen Pia einen neidischen Blick zu. »Weißt du eigentlich, wie gut du's hast?«, raunten sie, als sie die Treppe hochliefen.

»Ja, weiß ich«, flüsterte Pia zurück, »aber glaubt nicht, dass das so einfach war.«

Tatsächlich hatten Allison und Karsten jede Menge Fragen gehabt, denn sie flunkerten überhaupt nicht gerne und konnten Mrs. und Mr. Anderson Ängste verstehen.

»Wir können das leider nur erlauben, wenn wir wissen, wo du bist und was ihr genau vorhabt«, lautete ihre Bedingung.

»Es geht um Snoopy«, hatte Pia ihnen deutlich gemacht. »Poppy hat ihr frisch geladenes Handy dabei. Und es kommt auch noch ein Erwachsener mit, der auf uns aufpasst. Er ist ein Freund von Poppy und mega verantwortungsvoll. Echt.«

Pia wusste, dass ihre Eltern das Wort *verantwortungsvoll* liebten. Es war etwas, was sie sich immer wieder von ihr wünschten. Ganz besonders, wenn es um Schulsachen ging. »Es ist wirklich wichtig, dass du deine Hausaufgaben von selbst machst und wir dich nicht immer danach fragen müssen«, lautete ihre wiederholte Bitte. »Du musst dich endlich ein wenig verantwortungsvoller zeigen. Nicht nur für uns. Auch für dich selbst, Pia.«

Deshalb hatten sie schließlich auch eingewilligt. Allerdings mit der klaren Ansage: »Wenn ihr nur eine Minute länger wegbleibt, dann schlagen wir Alarm. Und zwar so laut, dass es bis nach Deutschland zu hören ist.«

»Keine Sorge. Ihr könnt euch auf uns verlassen«, versprach Pia und gab ihnen einen Kuss.

In ihrem Zimmer reichte sie Olivia und Alfie nun zwei Kapuzenshirts. Rick hatte dazu geraten. »Auf dem Boot wird's windig.« Für sich selbst packte sie die Daunenweste in den Rucksack, in dem schon die Kamera und das Schutzgehäuse steckten.

»Fertig?«

»Yep.« Die Zwillinge legten ihre Smartphones auf Pias Schreibtisch ab und folgten ihr.

Wie drei Agenten schlichen sie sich ungesehen zur Hintertür raus und durch den Garten. Von da ging es weiter durch ein dichtes Gestrüpp bis zur nächsten Querstraße, wo Poppy bereits ungeduldig auf sie wartete.

»Mann, da seid ihr ja endlich!«, rief sie und trat von einem Fuß auf den anderen. Wie immer hatte sie keine Schuhe an. »Unser Bus kommt jede Sekunde!«

Pia schaute sich verwundert um. Sie sah nirgends eine Haltestelle. »Wo müssen wir denn hin?«, fragte sie.

»Na, hier«, sagte Poppy und zeigte auf den Laternenpfahl neben sich, an dem ein gelber Streifen befestigt war. »Das heißt, dass der Bus hier hält.«

»Und woher weiß man, wann er kommt, wenn hier nirgends ein Plan hängt?«, wollte Pia wissen.

Ihre drei Begleiter sahen sie irritiert an. »Wozu denn ein Plan? Man sieht doch, wenn er kommt«, erwiderten sie, als sei das das Selbstverständlichste auf der Welt.

Poppy streckte ihren Arm raus, um dem Fahrer zu signalisieren, dass sie mitfahren wollten.

»Dann halten die hier gar nicht zu festen Zeiten?«, fragte Pia ungläubig nach.

»Nö.« Die drei zuckten mit den Schultern und stiegen vor ihr ein. »Wieso denn?«

Jetzt wusste Pia endlich, warum ihre Mutter in Deutschland nie auf Pläne schaute, sondern einfach losging, wenn es ihr in den Kram passte. In San Francisco aufgewachsen, war Allison es gewohnt, dass ein Bus kam, wenn er kommen wollte. Und in gewisser Weise war das sogar gar nicht schlecht, dachte Pia nun. *So ärgert man sich nicht dauernd über Verspätungen, denn die gab es ohne Plan ja nicht.*

»Hast du auch ein schlechtes Gewissen, weil wir Mommy und Daddy anflunkern?«, fragte Olivia auf der Fahrt ihren Bruder.

»Klar!«, murmelte der. »Aber was sollen wir denn machen? Wenn wir was erleben wollen, bleibt uns doch gar nichts anderes übrig, oder?«

»Hm.«

»Warum beruft ihr denn nicht mal eine Familienkonferenz ein und stellt eure Forderungen?«, fragte Poppy. »So was machen wir mindestens einmal im Monat, und das funktioniert echt prima.«

»Eine Familienkonferenz?« Die Zwillinge betrachteten sie irritiert. »Und was kriegst du da durch?«

Poppy grinste schief. »Neulich wollte ich, dass wir unsere Treppe zu einer Rutsche umbauen, aber da hab ich leider nicht genug Stimmen für bekommen. Aber meine Schaukel hab ich auf die Weise durchgekriegt, und Scotty seinen Gemüsegarten.«

»*Pff*«, schnaufte Alfie. »'ne Rutsche statt 'ner Treppe ist ja wohl auch echt 'ne ziemlich bekloppte Idee, oder?!«

Er schüttelte den Kopf, doch Poppy war anzusehen, dass sie den Einfall mitnichten bekloppt, sondern ziemlich genial fand. Sie behielt ihren Einspruch aber für sich und entgegnete stattdessen: »Wenn ihr wollt, können wir euch gerne helfen. Stimmt's, Pia?«

»Du meinst, dass unsere Eltern uns mehr erlauben?«, fragte Alfie.

»Klar. Das ist doch pipileicht. Man muss sich nur ein paar gute Argumente überlegen. Und zu viert ist's auf jeden Fall einfacher als zu zweit.« Poppy zuckte lässig mit den Schultern.

Die Zwillinge staunten nicht schlecht. Pia entnahm ihren Mienen allerdings auch eine gewisse

Unsicherheit. Wahrscheinlich fragten sie sich, ob Poppy Williams tatsächlich die Richtige für diese Aufgabe war. Immerhin fanden ihre Eltern sie eher gefährlich und verrückt.

Als erahne auch Poppy diese Gedanken, bekundete sie rückwärts zum Ausgang hüpfend: »Keine Angst. Ich kann supergut schauspielern und zieh mir für eure Eltern sogar ein Kleid an. Und die Haare kämm ich mir auch, wenn ihr meint. – Jede Wette, dass ihr am Ende machen dürft, was ihr wollt?!«

Pia, Olivia und Alfie prusteten bei der Vorstellung los.

»Das will ich sehen«, entgegnete Alfie. »Da fress ich 'n Besen.«

»Na, dann üb schon mal.« Poppy sprang vor ihnen die Stufen hinab auf die Straße. »Das will *ich* nämlich sehen.«

13

Pia kannte den Marina Hafen, denn hier lag auch Lissy Lorence' Wasserflugzeug. Die Pilotin hatte sie damit neulich zu der Insel geflogen, wo der Professor gefangen gehalten wurde.

Nun wartete Rick im Schnellboot des *Mammal Center* auf sie und rüstete alle vier mit Schwimmwesten aus. Poppy hatte ihm geschrieben, dass Olivia und Alfie mitkommen würden, und er begrüßte sie herzlich an Bord.

»Das Boot hat einen ordentlichen Zug, ihr müsst euch also gut festhalten«, sagte er. Nach einer kurzen Einweisung ließ er den Motor an und legte ab.

Wie Poppy, Olivia und Alfie hielt sich auch Pia mit beiden Händen an den Griffen fest und juchzte halb begeistert, halb erschrocken, als sie über die Wellen hopsten.

»*Urgh*«, drang es im Gleichklang aus ihren Kehlen, als sie einen Moment später das Frachtschiff erblickten, das durch die Golden Gate Brücke direkt auf sie zukam. Es sah beängstigend aus und RIESIG.

Zum Glück war es jedoch viel langsamer als sie und so zischten sie mit genug Abstand an ihm vorbei.

»Achtung, Wellen«, rief Rick, und sie umklammerten die Griffe nur noch fester. Doch Poppys Freund manövrierte sie geschickt durch die Bugwellen des Frachters hindurch und weiter in die ruhige Bucht vor Sausalito.

Als die Hausboot-Kolonie von Poppys Großmutter in der Ferne sichtbar wurde, drosselte er den Motor.

»Jetzt müsst ihr mir zeigen, wo die Stelle ungefähr war.«

Pia und Poppy schauten sich um. Dann wies Poppy nach Osten. »Noch ein Stück weiter nach da.« Sie blickte sich zu Pia um. »Oder?«

»Ja«, bestätigte die, »da war's.«

Langsam tuckerte Rick zu der angezeigten Stelle, und Olivia und Alfie beugten sich über den Bootsrand, um ins Wasser zu gucken.

»Boa, ist das tief«, murmelte Alfie.

Seine Schwester nickte. »Hoffentlich finden wir da überhaupt was.«

»Mit der ganz sicher«, sagte Pia und zog die Kamera aus ihrem Rucksack.

»Halt! Hier muss es ungefähr sein«, rief Poppy, und Rick stellte den Motor aus.

»Sichert bitte die Schnur«, bat er. »Die Kamera darf uns auf keinen Fall verloren gehen.«

Alfie schnappte sich das Seil und verknotete es fest an einem der Handgriffe. »Action!«

»Aufnahmebereit«, vermeldete auch Pia. Auf dem Display ihres Smartphones sah sie nun Poppy, die die Kamera in dem wasserdichten Gehäuse hielt und ihr die Zunge rausstreckte. »Alles *roger*«, kam es von ihr, und sie machte ein Daumen-hoch-Zeichen.

»*Tata.*« Gespannt ließ Poppy die Kamera ins Wasser, und sah zu, wie sie in die Tiefe sank, während das Seil durch ihre Finger glitt.

Nur Pia schaute angespannt auf ihren Bildschirm.

»Weiter, weiter, weiter«, sagte sie. »Nichts, nichts, nichts. Wasser, Wasser, Wasser.« Und dann: »Halt. Langsam. Da schwimmt was.« Sie sah genauer hin. »Entwarnung! Ist nur ein altes Fischernetz. Und eine Flasche.« Sie kniff die Augen zusammen. »Ich glaub, gleich haben wir den Grund erreicht.«

Rick lehnte sich vor, um mitzuschauen. »Ja, gleich sind wir unten.«

Tatsächlich kam im nächsten Augenblick das Seil zur Ruhe und Pia überprüfte das Bild auf ihrem Handy. »Kannst du noch ein Stück weiter nach da?«, bat sie Rick und zeigte in die Ecke des Bildschirms, wo etwas flimmerte.

»Klar.« Er ließ den Motor an und fuhr langsam weiter. Bis Pia »Stopp« schrie. »Da. Da schwimmt was im Wasser! Guck!?« Rick warf den Anker und das Boot kam zum Stehen.

»Das sieht doch aus, wie diese bunten Teilchen, oder?« Sie hielt ihm das Smartphone hin.

Es waren winzige Partikel, die das Licht reflektierten.

»Ja, hier seh ich sie auch«, schrie Poppy. Sie streckte ihre Hände hoch, die sie soeben ins Wasser gehalten hatte. »Da sind sie wieder. Lauter kleine Plastikkonfetti.« Sie klebten an ihr wie eine zweite Haut.

»Kannst du die Kamera noch weiter da nach vorne hinbewegen?«, bat Pia sie und zeigte zur Bootsspitze. »Da ist so was Grünliches.«

»Klar.« Poppy krabbelte nach vorne und zog das Seil mit sich durchs Wasser.

Die Zwillinge guckten derweil gebannt mit Pia auf den Bildschirm. Im nächsten Moment riefen sie: »Halt, da! Stehen bleiben.«

»Was ist?«, fragte Rick.

Pia zog das Bild auf ihrem Screen mit den Fingern auseinander.

»Da ist eine Tonne!«, stieß sie hervor. »Mehrere! Da sind mehrere!«

Rick lehnte sich zu ihr vor. »Täusch ich mich, oder kommen da diese kleinen Teilchen raus?«, fragte er.

»Nein, ich seh's auch«, sagte Olivia. »Hey, die Tonne da hat ein Leck.«

»Aber warum haben wir die denn gestern nicht gesehen?«, wunderte sich Pia. »Wir waren doch genau hier und haben gefischt.«

»Vielleicht ist das Leck ja neu und es gab früher schon mal ein anderes«, meinte Rick. »Wenn ich das richtig sehe, liegen da ja noch weitere Tonnen rum.«

Kopfschüttelnd holte er sein Handy vor und wählte die Nummer der Küstenwache. »Ihr müsst 'n Kran mitbringen«, sagte er. »Die müssen alle vom Grund geborgen werden.« Er nickte kurz und legte auf. »Sie kommen. Ich schick ihnen unsere Koordinaten. Dann bring ich euch an Land.«

Alfie verzog das Gesicht. »Mist. Da wär ich echt gerne dabei gewesen.«

Seiner Schwester, Pia und Poppy ging es genauso, aber ihre »Spielzeit« ging dem Ende zu.

»Keine Sorge, ich werd euch berichten«, versprach Rick und bat Alfie, den Anker einzuholen. Pia und

Poppy zogen derweil die Kamera hoch und Olivia rollte das Seil ein.

Die Rückfahrt dauerte gefühlt nur die Hälfte der Zeit, die sie für den Hinweg gebraucht hatten. Aber Pia wusste, dass es allein an ihrer Aufregung lag.

»Echt Mist, dass wir den Typ auf dem Video nicht erkennen können«, ärgerte sich Poppy auf der Rückfahrt im Bus. »Dann könnten sie ihn sofort schnappen.«

»Was für ein Video?«, fragte Alfie.

Sie hatten den beiden bei all der Aufregung noch gar nichts davon erzählt.

Pia zeigte es ihnen.

»Kannst du mir das mal schicken, wenn du zu Hause bist?«, bat Alfie. »Vielleicht kann ich ja was machen.«

»Du??? Was denn *machen*?«, fragte seine Schwester. »Du hast doch gar keinen Computer, geschweige denn eine Software für so was.«

»Ja, aber Daddy hat eine auf seinem Laptop«, entgegnete er und grinste schief. »Und wenn ich mich recht erinnere, hast du noch was von deiner Computerzeit für diese Woche übrig, oder etwa nicht?«

Olivia betrachtete ihn zwiespältig. »Und deine ist mal wieder weg, ja?«

»Ja, leider schon am ersten Tag«, gab ihr Bruder zu.

Olivia schnaufte: »Komisch, dass mich das nicht wundert.«

Im nächsten Moment zog sie aber die Augenbrauen hoch und verkündete begeistert: »Okay. Wenn ich dir was von meiner Computer-Zeit abgebe, dann übernimmst du diese Woche einfach was von meiner Zimmer-aufräum-Zeit.« Sie verschränkte zufrieden die Arme vor der Brust.

»Oh, no. Da bin ich ja ewig beschäftigt«, stöhnte Alfie. »Kann ich nicht lieber deinen Spülmaschinen-Dienst übernehmen?«

»Auf gar keinen Fall.«

14

Hi, Alfie, hier ist es.

Kaum zu Hause, sandte Pia ihm das Video, wie sie es versprochen hatte.

Jetzt heißt es, geduldig sein, wusste sie. Vor dem nächsten Tag würde sie von den Zwillingen nichts hören, das hatten sie ihr schon angekündigt.

Es war kaum auszuhalten.

»Hey, ich weiß, dass ihr schon schlaft und die Handys aus habt, aber ich muss euch dringend was erzählen«, begann sie ihre Sprachnachricht an die *Sandmöven*. »Diesmal ist es kein Quatsch, sondern hundert Prozent echt. Großes Ehrenwort.«

Ihre Audiomitteilung wurde über fünf Minuten

lang, so viel hatte sie ihren Freundinnen und Freunden an der Ostsee zu erzählen.

Morgen weiß ich vielleicht mehr. 😳

»Wir sind wirklich stolz auf euch, was ihr da rausgefunden habt«, bekundete Allison, als sie Pia an diesem Abend ins Bett brachte. Liebevoll strich sie ihr dabei die Haare aus der Stirn. »Ich weiß nicht, ob ich mich das in deinem Alter getraut hätte.«

Pia musste grinsen. Der letzte Satz stimmte sie erst so richtig stolz. Denn ihre Mutter war für sie der mutigste Mensch auf Erde.

»Soll Wanda dir noch was Hübsches zeigen?«

»Ja, bitte ein schlafendes Murmeltier«, bat Pia. Vielleicht half ihr das ja beim Einschlafen..

Ihre Mutter flüsterte etwas in die Zimmer-Fernbedienung, und auf der gegenüberliegenden Wand verschwand der Blick auf die Wiese mit grasenden Pferden. Stattdessen bekam Pia nun die Sicht in eine Höhle, in der eine Murmeltier-Familie aneinandergekuschelt lag und schlief.

»Gute Nacht, mein Schatz.«

»Gute Nacht, Ma.«

Als Pia am nächsten Tag ihr Handy einschaltete, warteten mehrere Nachrichten der *Sandmöven* auf sie, aber auch eine von Alfie. Sie war fünf Minuten alt.

Schau mal. 😎

Seine SMS zeigte ein Foto, das er aus dem Video kopiert, heller, größer und schärfer gemacht hatte. Darauf war das Gesicht eines Mannes zu sehen. Das Bild war zwar grobkörnig, aber es reichte, um in Pia etwas auszulösen.

Hatte sie den Typ nicht schon mal irgendwo gesehen? Warum kam er ihr so bekannt vor?

Schnell lief sie ins Wohnzimmer hinunter, wo ihre Mutter bereits am Laptop saß und an Oma Maples Backbuch arbeitete.

»Kennen wir den, Ma?«, fragte sie und hielt ihr das Smartphone unter die Nase.

Allison schaute eine gefühlte Ewigkeit darauf. Schließlich schüttelte sie den Kopf. »Nee, tut mir leid. Den hab ich noch nie gesehen. Zumindest nicht bewusst.«

Pia machte das Gleiche mit ihrem Vater und dem

Professor, aber auch denen schien der Mann unbekannt.

Dann kann es nur in Zusammenhang mit Poppy gewesen sein, überlegte Pia. *Oder ich täusche mich.*

Poppy, kennst du den?, tippte sie in ihr Handy und schickte das Foto ins Blumenhaus, den Hügel hinunter.

Poppys Antwort kam so prompt wie selten. Offensichtlich wartete sie schon genauso gespannt auf Neuigkeiten.

Das ist doch dieser Jeff! Der Typ aus dem Supermarkt! Kommt das etwa von Alfie???

Oh, Mann, na klar!

Pia schlug sich gegen die Stirn.

Daher kannte sie ihn.

Bevor sie weiterschreiben konnte, ging eine SMS von Olivia ein.

Und, wie sieht's aus?

Wir müssen in den Supermarkt, kam es parallel von Poppy.

Pia leitete Poppys Antwort an die Zwillinge weiter.

Langsam wird's echt Zeit für eine Chat-Gruppe, dachte sie dabei. *Aber unter welchem Namen?*

Wir sind dabei!, texteten die Zwillinge zurück.

Alles klar. In 30 Min. bei Poppy. Pia

Mit frischer Kleidung im Arm flitzte sie ins Bad, um sich fertig zu machen.

»Hallo, Pia«, begrüßte sie Looky.

»Hi, Looky. Ich hab leider keine Zeit.«

»Kein Problem. Hier ist die Zeit.« Auf dem Spiegel erschien *9:10 Uhr.*

Stimmt. Pia hatte ganz vergessen, ihrem Vater und dem Professor von ihrer Erfahrung mit dem Spiegel zu erzählen.

»Danke, Looky«, sagte sie und band sich eilig ihre Haare zu einem Zopf zusammen.

»Gerne, Pia«, sagte der Spiegel. »Und vergiss nicht: Wer sich nicht die Zähne putzt, riecht nach fauliger Gurke.«

»Alles klar, Looky«, kicherte Pia und verließ das Bad.

Vielleicht sollte ich meinem Vater und dem Professor doch nichts sagen und Looky einfach so lassen, überlegte sie und hüpfte die Treppe hinab.

Olivia und Alfie standen abmarschbereit mit Einkaufstaschen vor ihrem Haus, als Pia angelaufen kam. Gemeinsam setzten sie den Weg zu den Williams fort, um dort auf Poppy zu treffen.

»Wir mussten heute gar nicht flunkern«, erzählte Olivia. »Du hättest unsere Mutter mal sehen sollen, als wir gesagt haben, dass wir in den Supermarkt wollen.«

»Ja«, bestätigte Alfie. »Sie hat uns sofort eine ellenlange Liste aufgeschrieben, was wir alles besorgen sollen. Ich hoffe nicht, dass wir ab jetzt immer einkaufen müssen!«

»Bitte nicht! Das wäre eine absolute Total-Katastrophe!«, pflichtete Olivia ihm bei.

Pia musste schmunzeln. Zu Hause in Leipzig, wo sie keinen Kühlschrank besaßen, der alles automatisch bestellte und anliefern ließ, übernahm sie oft die Besorgungen. Sie fand sogar, dass es Spaß machte. Schließlich konnte man auf diese

Weise mitbestimmen, was es zu essen gab und was nicht.

»Was ist denn jetzt genau der Plan?«, fragte Alfie, als sie vor Poppy zum Stehen kamen.

»Ich war kurz dort. Sein Lastwagen ist hinter dem

Supermarkt geparkt. Wenn wir Glück haben, erwischen wir ihn noch«, legte Poppy sofort los.

»*Urgh*, und dann?« Olivia machte eine Panik-Miene. »Sollten wir nicht lieber die Polizei informieren oder Rick?«

»Nein«, widersprach Poppy bestimmt. »Noch ist ja nicht bewiesen, dass es sich wirklich um ihn handelt.«

Pia sah es genauso. Sie hatte sich am Morgen ebenfalls über diesen Punkt Gedanken gemacht und war dabei auf eine Idee gekommen.

»Ich weiß, wie wir's machen können«, sagte sie und zog die Kamera des Professors aus ihrem Rucksack. »Wir könnten so tun, als ob wir ein Video für die Schule drehen. Dann schauen wir, wie er auf die Vorwürfe reagiert, und haben ihn gleichzeitig aufgenommen.«

Poppy stieß ihr begeistert den Ellenbogen in die Seite. »Coole Idee! Die hätte glatt von mir kommen können.«

Pia lachte. »Warte mal ab, es geht noch weiter.«

Sie wandte sich an Alfie und hielt ihm ihr Smartphone hin. »Gibst du mir deins dafür?«

»Hä?« Er verstand nicht.

»Meins ist mit der Kamera verbunden, und so könnt ihr hören und sehen, was Poppy und ich drinnen machen. Wenn ihr beim Lkw bleibt, könnt ihr im Notfall die Polizei rufen und ihn aufhalten, falls er fliehen will.«

»Yeah«, rief Alfie. »*Action*!«

15

»Hallo, wo finden wir Jeff Greenwood?«, fragte Poppy den jungen Mann am Informationstresen.

»Wieso? Was wollt ihr denn von ihm?«

»Wir möchten gerne ein Interview mit ihm führen«, sagte Pia und hielt die Kamera hoch. »Für unsere Schule. Weil Sie so vorbildlich in Sachen Plastik sind.«

»Oh, cool. Klar, da steht er euch sicher gerne zur Verfügung«, sagte der Mann und wies an den Kassen vorbei zu einer Tür. »Im Moment ist er noch hinten und leert die Tonnen. Wenn ihr wollt, kann ich ihn anfunken, dass er danach mal nach vorne kommt.« Er zog sein Handy raus.

»Danke, nicht nötig!«, entgegnete Poppy. »Wir

wollen ihn gerne überraschen.« Kurzerhand zog sie Pia mit sich und lief los.

»Ey, da dürft ihr aber nicht rein«, rief er ihnen nach. »Die ist nur für Personal!«

»Keine Sorge«, entgegnete Poppy über die Schulter. »Wir wissen uns zu benehmen! Alles gut.«

Eilig schlängelten sie sich zwischen den Kunden hindurch, die vor den Kassen anstanden. Als sie die Tür mit der Aufschrift *Employees only* erreichten, stieß Poppy sie einfach auf. Es hieß: *Nur für Personal.*

Die Tür klappte hinter ihnen ins Schloss, und vor ihnen lag ein langer Flur, von dem mehrere Räume nach rechts abgingen. Am Ende befand sich eine Tür mit einem Notausgang-Schild darüber. Pia mutmaßte, dass sie zum Hinterhof führte, wo Olivia und Alfie neben dem Lkw warteten.

»Okay«, flüsterte sie um Ruhe bemüht und schaltete mit zittrigen Fingern die Kamera ein.

»Jeff?«, rief Poppy darauf.

Sie horchten den Gang entlang.

»Ja?« Die Stimme kam von einem der letzten Räume, und im nächsten Moment schaute ein Kopf daraus vor. »Was ist?«

Poppys Blick zuckte zu Pia, die nervös nickte und die Kamera in Position brachte.

Es gab keinen Weg zurück.

»Hi, wir kommen von der *Magnolia School* und würden gerne ein Interview mit Ihnen führen«, sagte Poppy.

Sie waren nur noch ein paar Meter von ihm entfernt und bekamen dabei endgültig die Bestätigung: Der Typ war jener Jeff Greenwood vom Plakat. Und: Er sah genauso aus wie der Typ auf dem Kutter-Foto.

»Was für 'n Interview? Warum weiß ich davon nichts?« Er schaute über seine Schulter in den Raum zurück. Da trat Melanie, die Mitarbeiterin, die ihnen auf der Suche nach der Waschmittelflasche geholfen hatte, zu ihm. Sie hielt ein paar Müllsäcke in den Händen. *Offensichtlich hilft sie ihm beim Einpacken*, schloss Pia daraus.

»Hi, Melanie«, begrüßte Poppy sie.

»Ach, ihr seid das! Wer hat euch denn hier nach hinten gelassen?«

»Uns wurde gesagt, dass wir Mr. Greenwood hier finden.«

Pia trat neben Poppy. »Wir fanden so toll, was du

uns neulich erzählt hast, dass wir gerne was darüber machen wollen. Für unseren Videowettbewerb in der Schule. Es geht um Menschen, die etwas für die Stadt und die Umwelt tun.«

»Wow, das ist ja klasse.« Melanie wandte sich an Jeff und grinste stolz. »Siehst du mal. Ich hab von dir geschwärmt.«

»Ähm …«, reagierte der grimmig. »Ehrlich gesagt hätte ich gerne vorher davon gewusst.«

Pia schätzte ihn auf Ende zwanzig. Wie ihr Cousin in Hamburg. Im Gegensatz zu dem hatte Jeff jedoch einen Blick, der so kalt und stechend war, dass einem schauderte.

Poppy schien das weniger zu beeindrucken. Im Gegenteil. Sie lächelte ihn nur noch zuckersüßer an und versprach mit verlockender Stimme: »Geht auch ganz schnell. Versprochen.«

Doch Jeff beharrte: »Wie gesagt, ich hätte das eigentlich gerne vorher …«

»Ach, komm schon«, ging Melanie dazwischen. »Es ist doch eine tolle Werbung. Für uns auch.«

Und eh er sich weiter winden konnte, legte Poppy einfach los: »Wie sind Sie auf die Idee gekommen, dass die Leute hier ihren Plastikmüll zurückgeben können? Kam das von Ihnen oder vom Supermarkt?« Sie stellte sich so, dass Pia sein Gesicht in voller Größe filmen konnte.

»Ähm … also …« Er schaute unsicher zu Melanie.

»Es kam von ihm«, sagte sie. »Seine Idee.«

Jeff nickte. »Ja, ich weiß ja, was für ein Problem das ist, und da hab ich mir gedacht, dass ich was dagegen tun sollte.«

Pia beobachtete seine Mimik auf dem Display der Kamera. Es wirkte, als sage er die Wahrheit. Gleichzeitig schien er sich nicht wohl in seiner Rolle zu fühlen.

»Dank Jeff«, schaltete sich Melanie ein, »haben wir jetzt ein Riesenproblem weniger. Denn er sorgt dafür, dass das zurückgegebene Plastik unserer Kunden umweltschonend wiederverwertet wird und wir damit alle einen wichtigen Beitrag für den Umweltschutz leisten.« Sie klopfte ihm beherzt auf die Schulter. »Großes Lob dafür. Echt genial!«

Jeff lächelte geschmeichelt. »Gerne.«

»Und der Supermarkt bezahlt Sie dafür?«, fragte Poppy.

»Hm.« Er nickte.

»Und zwar nicht zu knapp«, ergänzte Melanie.

»Denn unsere Kundenzufriedenheit ist uns genauso wichtig wie die Natur.«

»Interessant«, bemerkte Poppy und zog eines der Gläser mit den eingesammelten Plastikteilchen aus der Tasche. »Und was sagen Sie hierzu?« Sie hielt es ihm so hin, dass es auch für die Kamera gut sichtbar war.

Pias Händen bebten. Wie sie hatte sich auch Poppy eine Überraschung überlegt. Aber diese hier konnte gefährlich werden.

»Was soll das?« Jeff zog die Augen zu Schlitzen. »Ich hab keine Ahnung, was du mir da zeigst.«

»Oh, das ist ganz einfach«, entgegnete Poppy. »Ich will wissen, ob Sie derjenige sind, der in der Bucht geschreddertes Plastik in Tonnen versenkt – und den wir dabei gefilmt haben?!«

Sein Blick zuckte zu Pia und wieder zurück.

»Ihr tickt ja nicht ganz sauber!« Er wollte sich abwenden und gehen, doch Melanie ließ die Müllbeutel fallen und hielt ihn am Ärmel fest. »Was denn für Tonnen? Was soll das heißen?«

»Die Küstenwache hat sie gestern rausgeholt«, erklärte ihr Poppy. »Die Seelöwen haben sich damit vergiftet.«

»Was???« Melanie sah sie entsetzt an.

Im gleichen Augenblick schüttelte Jeff sie harsch ab. »Tut mir leid, aber ich muss mir diesen Scheiß hier echt nicht anhören. Unfassbar!«

Aufgebracht stieß er Poppy zur Seite und lief zum Hinterausgang.

»Das heißt, Sie geben zu, dass Sie das Plastik gar

nicht recyceln, sondern versenken und sich das Geld einstecken?«, rief Poppy ihm nach.

»Ganz sicher nicht!«, zischte Jeff und trat die Hintertür auf.

»Stehen bleiben!«, schrien ihm da von draußen die Zwillinge entgegen. »Die Polizei ist auf dem Weg!« Olivia hielt ihr Handy mit der Nummer der Polizei hoch. *911*.

Melanie fuhr zu Pia und Poppy herum. »Ist das wahr, was ihr da sagt?«

Sie kamen nicht dazu, ihr zu antworten, denn Jeff rannte bereits wie eine Furie zu ihnen zurück.

»Achtuuuung!«, schrien Olivia und Alfie. Aber zu spät. Ehe Pia und Poppy reagieren konnten, rammte Jeff Greenwood sie wie ein amerikanischer Football-Spieler und sie stießen mit voller Wucht gegen die Wand. Melanie landete auf dem Boden. *Argh*!

»Ihr dürft ihn nicht entkommen lassen«, ächzte sie und rieb sich den schmerzenden Arm.

Pia sah zur Hintertür, wo gerade noch Olivia und Alfie gestanden hatten. Aber die Zwillinge waren verschwunden.

»Los!«, schrie Poppy und zog sie mit sich zur Personaltür, die soeben hinter Jeff ins Schloss fiel.

»Haaaalt! Lasst ihn nicht entkommen!!!«, rief sie, als sie mit Pia in den Ladenraum stürmte.

Jeff hatte gerade ein paar weitere Kunden über den Haufen gerannt und verschwand zwischen den Regalreihen.

»Da«, rief eine Frau und zeigte zum Gang mit Klopapier. »Da ist er rein.«

Bemüht, an den umstehenden Menschen vorbeizukommen, flitzten Pia und Poppy in Schlangenlinien hinterher und bogen in den angewiesenen Gang. Jeff rangelte zehn Meter vor ihnen mit einer Familie, deren Kinderwagen quer stand.

»Aus dem Weg, verdammt!«

»Halten Sie ihn fest! Er darf nicht entkommen!«, rief Pia.

Gerade noch erwischte der Familienvater Jeff am Ärmel, doch riss der sich rüde los und flüchtete weiter.

»Oh, nein«, jaulte Poppy und lief ihm nach. »Wenn er es nach draußen schafft, können wir's vergessen.«

Jeff erreichte soeben das Ende des Gangs, wo ein paar Meter weiter der Ausgang lag.

»Mist!«, fluchte Pia.

Doch da ertönte plötzlich ein ohrenbetäubendes Scheppern und Krachen, und vor ihren Füßen rollten unzählige Konserven in den Gang. Es war Alfie, der einen Turm aus Suppendosen umgeworfen hatte, um Jeff damit zu Fall zu bringen.

»Yeah, Alfie«, jubelte Poppy beim Anblick des auf dem Boden liegenden Flüchtigen. »Wir haben ihn!«

Doch da hatten sie sich zu früh gefreut. In der nächsten Sekunde sprang Jeff wie ein Flummi in die Höhe und sprintete zum Ausgang. Durch die Scheiben sahen sie, wie er über den Parkplatz rannte, an dessen Ende der Golden Gate Park lag.

»Da drin finden die ihn nie«, stöhnte Alfie. »Dieser verdammte Mistkerl!«

Jeff war nur noch ein paar Meter vom Zaun entfernt, hinter dem das dichte Gebüsch der Grünanlage lag, da raste plötzlich hinter einem Auto ein Einkaufswagen vor und rammte ihn mit voller Wucht. Der Angriff kam so unerwartet, dass Jeff das Gleichgewicht verlor und nach vorne kippte. Wie ein Handtuch hing er nun über dem Zaun.

»Boah!« Pia, Poppy und Alfie warfen sich ungläubige Blicke zu. »Wo kam der denn her?«

Die Antwort kam in Form von Olivias Kopf hinter den Autos vor.

»Olivia! Das war meine Schwester!«, rief Alfie voll Stolz und lief los.

Sichtlich angeschlagen, richtete Jeff sich auf und wollte weiter, doch im selben Moment kam die Polizei mit Sirenen angefahren, und mehrere Wagen bremsten um ihn herum ab. »Stehen bleiben!«, schrien die von den Zwillingen herbeigerufenen Polizisten. »Keine Bewegung!«

Jeff hatte keine Chance mehr zu entkommen und hob die Hände.

Yeah! Sie haben ihn! Pia hüpfte vor Freude auf der Stelle und fiel Poppy, Alfie und Olivia in die Arme. »Wir haben es geschafft!«

16

»Sie haben unser Vertrauen mit Füßen getreten!«, schrie die Leiterin des Supermarkts empört. Jeff stand in Handschellen vor ihr. »Das Vertrauen unserer Kunden! Schämen Sie sich!«

Man sah ihr an, dass sie sich am liebsten auf ihn gestürzt und ihm die Augen ausgekratzt hätte.

»Was kann ich dafür, wenn Sie so viel Plastikmist verkaufen und nicht wissen wohin damit?!«, ging Jeff in die Verteidigung. Aber er kam damit nicht weit. Denn im nächsten Augenblick haute ihm die herbeigelaufene Melanie einen seiner Müllbeutel um die Ohren: »Verdammter Mistkerl! Was hast du dir dabei gedacht?!«

Pia, Poppy, Alfie und Olivia zeigten einem der

SALE

Polizisten währenddessen die von ihnen aufgenommenen Filme sowie das vergrößerte Foto.

»Na, das ist ja eindeutig«, bestätigte er und bat Pia, ihm alles zu mailen. Poppys Glas mit den Plastikteilchen hatte er bereits an sich genommen.

»Ansonsten können Sie auch mit Rick Fell sprechen«, sagte Poppy und gab ihm dessen Nummer. »Er hat die Küstenwache informiert und die Tonnen hochholen lassen.«

»Danke. Das ist alles extrem hilfreich«, sagte der Beamte. »Toll habt ihr das gemacht.«

»Wir bleiben übrigens gerne unerkannt«, bat Alfie. »Unsere Eltern denken nämlich, wie sind nur kurz einkaufen.«

Der Polizist lachte. »Keine Sorge. Genau so hab ich das früher auch gemacht.« Er zwinkerte den Zwillingen zu und legte den Finger auf die Lippen. »Von mir erfährt niemand was.«

Dann rannten sie eilig in den Laden zurück, und Pia und Poppy halfen den Zwillingen bei ihren Besorgungen. Da sie als Dank der Supermarktleitung nichts bezahlen mussten, fügten sie lauter Dinge hinzu, die auf Mrs. Andersons Liste fehlten. Kaugummis, Kuchen und Eis zum Beispiel.

»Oh, Mann, ich glaub, wenn wir unseren Eltern jetzt noch erzählen, dass der Einkauf umsonst war, dann werden wir den Job echt nie wieder los«, stöhnte Alfie, als sie alles nach Hause schleppten.

»Ja, aber besser, als dass sie denken, wir hätten's geklaut«, gab Olivia zu bedenken.

»Oha, das stimmt«, murmelte Alfie ahnungsvoll. »Dann lieber bis an unser Lebensende einkaufen.«

Am gleichen Abend las Pias Mutter aus dem Entschuldigungsbrief des Supermarkts vor, den sie im Internet gefunden hatte.

»... Wir entschuldigen uns bei all unseren Kundinnen und Kunden sowie den Bewohnerinnen und Bewohnern dieser Stadt. So etwas darf nie wieder geschehen. Wir werden uns gemeinsam mit den Umweltverbänden unseres Landes dafür einsetzen, dass für das Plastikproblem endlich eine saubere Lösung gefunden wird. Das Mammal Center *werden wir ab sofort mit einer monatlichen Spende unterstützen.«*

Allison schaute staunend von ihrem Computer auf: »Wow, ihr seid ja echt unglaublich!«

»Unsere Tochter!«, murmelte auch Karsten fasziniert. »Wer hätte das gedacht?!«

Pia musste grinsen. Allerdings weniger, weil sie stolz auf ihre eigene Tat war. Vielmehr wusste sie mit einem Mal, wie sie ihre Chat-Gruppe mit Poppy, Olivia und Alfie nennen wollte. *Die Unglaublichen.*

Denn genau das war ihr Geheimrezept: Sie hatten Unglaubliches vollbracht, weil sie zu viert gewesen waren. Alleine wäre es keinem von ihnen gelungen.

Es ist wie mit den Sandmöven, dachte Pia. Mit ihnen zusammen traute sie sich selbst bei Sturm und hohem Wellengang ins Wasser, was sie alleine nie wagen würde.

»Darf ich morgen mit Poppy mit der Cablecar zur Marina fahren?«, fragte sie ihre Eltern. »Rick hat uns eingeladen. Er hat irgendeine Überraschung für uns. Als Belohnung für Jeffs Festnahme.«

Karsten betrachtete sie belustigt. »Hattest du nicht eigentlich versprochen, dass du hier in San Francisco keinen Fuß vor die Tür setzt?«

Es stimmte. Pia hatte tatsächlich damit gedroht, weil sie zu Beginn so wütend gewesen war, dass sie nicht zu ihren Freundinnen und Freunden an die Ostsee kam.

»Granny wundert sich auch, dass du die letzten Tage gar nicht bei ihr warst«, bemerkte ihre Mutter. »Sie fragt sich schon, ob dir ihre Kekse nicht mehr schmecken.«

»Blödsinn. Natürlich tun sie das«, rief Pia und lief die Treppe hinauf. »Du kannst ihr sagen, dass ich morgen Nachmittag komme – mit Gästen.«

»Gäste? Wen meinst du denn?«, riefen ihre Eltern verwundert.

»Geheimnis!«, lautete Pias Antwort, und sie beließ es dabei.

Jetzt spreche ich schon genauso wie Poppy, stellte sie schmunzelnd fest. *Und es ist gar nicht mal so übel.*

Denn so ein bisschen Geheimnistuerei löste ein wunderbares Kribbeln in ihr aus. *Ein Glücksgefühl eben.*

Am nächsten Tag warteten sie an der Ecke Powell (wie *Paul* gesprochen) und Post Street und beobachteten, wie die Cablecar vom Fuße des Hügels zu ihnen heraufgerattert kam.

Die hölzerne Straßenbahn bestand aus nur einem Wagen, der vorne geschlossen und hinten offen war. Ein Drahtseil, das vor Pias und Poppys Füßen in einem Spalt in der Straße verlief, zog die Bahn durch die Stadt.

»Hey, ihr beiden!«, begrüßte Rick sie und zog mitten auf der Kreuzung die Bremse an. Vorne im Führerhaus saß sein Kollege und betätigte ein Glöckchen, das den Mitfahrenden signalisierte, dass sie aussteigen konnten.

Zu Pias und Poppys Glück wurden zwei Plätze auf der Bank im offenen Teil frei, bei der man die Füße in der Luft baumeln lassen konnte. Rick stand hinter ihnen und legte den schweren Bremshebel um. »Na, dann wollen wir doch mal!«

Bring, bring ertönte das Glöckchen und sie fuhren los.

»Gut festhalten bitte!«, rief er, und Pia klammerte sich an der Haltestange neben ihr fest. Ansonsten gab es nämlich nichts, das sie vor dem Rausfallen schützte.

»Genau mein Ding«, bemerkte Poppy. »Keine lästigen Türen, durch die ich muss. Einfach draufhopsen und runterspringen.«

Pia kicherte. Die Cablecar ratterte den steilen Hügel hinauf und sie rutschten aneinander.

Spätestens mit dieser Fahrt wurde Pia klar, warum Rick solche Muskelpakete an seinen Armen hatte. Man brauchte eine extreme Kraft, um dieses altertümliche Gefährt bei all den Hügeln im Zaum zu halten und an den Abhängen zum Stehen zu bringen.

Aufgeregt hielt sie während der Fahrt ihre Nase in den Wind und sah die Straßenzüge hinab und über die Stadt hinweg. »Hier könnte ich den ganzen Tag mitfahren«, verkündete sie, denn es waren gigantische Ausblicke, die sich ihnen boten. Vom einen bis zum anderen Ende des Häusermeers bis zum Ozean und zur Bucht.

»Na, dann«, lachte Rick. »Vielleicht willst du mich ja eines Tages beerben.«

»Au ja!«, rief Poppy. »Und ich übernehme vorne das Fahrerhaus.«

Auf ihrem Weg den Hügel hinab zum Wasser erzählte Rick ihnen, dass Jeff eine ordentliche Gefängnisstrafe erwartete. Die Küstenwache hatte die Tonnen geborgen und das Wasser, so gut es ging, gesäubert.

»Habt ihr gesehen?«, fragte Rick. »Es wurde heute in allen Nachrichten über den Fall berichtet.«

»Ja«, sagte Poppy. »Hoffentlich passen jetzt alle besser auf. Ich will nämlich, dass unsere Welt am Leben bleibt – und ich glaub, die Tiere wollen das auch.«

Pia konnte ihr nur zustimmen. Am Morgen hatte sie noch mit den *Sandmöven* gechattet und ihnen von ihrem Abenteuer erzählt. Die waren nicht nur genauso empört, sondern sie hatten auch von den Bergen von Müll am Ostseestrand berichtet. »Da war sogar eine Flasche aus England dabei.« »Und eine Tüte aus Russland!«

»So, ihr beiden, da wären wir.« Rick legte hinter ihnen kraftvoll den Bremshebel um und die Bahn blieb mit einem Ruck an der Endhaltestelle stehen. »Dort unten am Pier wartet jemand auf euch.« Mehr sagte er nicht, sondern wies nur über den angrenzenden Park hinweg zum Wasser.

Sein schelmisches Grinsen verriet Pia, dass er Überraschungen genauso zu lieben schien wie Poppy. *Noch ein Grund, warum sie sich so mögen.*

»Danke für die Fahrt!« Mit einem Faustgruß verabschiedete sich Pia von ihm und sie liefen los.

»Viel Spaß!«, rief er ihnen nach.

Am Steg stand das Schnellboot des *Mammal Center*. Davor warteten Anne, Don und Helen auf sie.

»Schön euch wiederzusehen!«, sagten sie und halfen ihnen an Bord.

»Da ist ja Snoopy«, stieß Pia hervor, als sie die drei Kisten vorne im Boot entdeckte. Durch das Gitter der einen lugten seine Knopfaugen.

»Ganz genau. Euer kleiner Freund ist so schnell gesundet, dass wir dachten, wir bringen ihn heute gleich mit den anderen raus«, sagte Helen. »Und ihr dürft dabei zusehen.«

»Wow!«, staunten Pia und Poppy und zogen sich eilig die Schwimmwesten an.

Wie mit Rick sausten sie über die Wellenkämme.

Doch diesmal ging es unter der Golden Gate Bridge hindurch auf das offene Meer hinaus.

»Weiter nördlich gibt es einen Strand, an dem keine Menschen sind. Da bringen wir sie hin«, erklärte Anne.

»Es ist ein Naturschutzgebiet«, ergänzte Don. »Deshalb machen wir auch ganz schnell, denn wir wollen die dort lebenden Tiere nicht stören.«

Als sie vierzig Minuten später den Strand erreichten, halfen Pia und Poppy Anne, das Boot an Land zu ziehen. Helen und Don trugen derweil die Kisten ein paar Meter weiter. Aus der Ferne nickten sie Pia und Poppy zu, die hinter ihren Brettern stehen blieben und beobachteten, wie die drei Helfer vom *Mammal Center* nun die Türen der Boxen öffneten.

»Tschüss, Snoopy«, flüsterte Pia, als sie sah, wie der kleine Seelöwe an die frische Luft gekrochen kam.

»Mach's gut!«, sagte auch Poppy leise. »Pass auf dich auf!«

Unsicher watschelte Snoopy zum Wasser und steckte seine Schnauze hinein. Die beiden Seelöwen-

Damen, die mit ihm ins Meer entlassen wurden, taten es ihm gleich, und alle begannen im nächsten Moment zu blöken und an Sicherheit zu gewinnen. Sie waren frei und zurück in ihrer Welt. Beherzt ließen sie sich von der nächsten Welle mitreißen und schwammen los.

Pia traten bei dem Anblick Tränen in die Augen. Es rührte sie, zu sehen, wie ihr kleiner Freund abtauchte und kurz darauf mit seinem Kopf wieder aus dem Wasser schaute.

»Viel Glück!«, krächzte sie und musste schlucken. Im nächsten Moment spürte sie Poppys Hand auf ihrer Schulter. Auch sie hatte feuchte Augen und

winkte dem Seelöwen ein letztes Mal zu, bevor er endgültig mit seinen Begleiterinnen unter Wasser ging und nicht mehr an der Oberfläche erschien.

»Goodbye, Snoopy«, rief Poppy gegen das Rauschen der Wellen an.

Bleib ja gesund!, wünschte sich Pia.

17

Pia durfte nicht zu Poppy gucken, ansonsten hätte sie losprusten müssen. Poppy trug ein von Olivia geliehenes Kleid und hatte sich die Haare von ihr kämmen lassen. Wenn Poppys Haut nicht deutlich dunkler als die von Olivia und Alfie gewesen wäre, wäre sie glatt als Drilling durchgegangen, so brav sah sie aus. Sogar Schuhe trug sie, und Pia sah ihr an, wie unwohl sie sich darin fühlte.

Aber Poppy hatte es versprochen, und sie hielt Wort.

Gemeinsam saßen sie mit Mrs. und Mr. Anderson bei *Tasty Cookies* und warteten darauf, dass die Zwillinge ihre erste Familienkonferenz abhalten konnten.

Oma Maple hinter der Theke zwinkerte Pia zu und machte ein »Ich drück die Daumen«-Zeichen. Pia hatte sie in ihren Plan eingeweiht, und ihre *Granny* spielte mit.

»Ich muss Ihnen sagen, Ihre Kinder sind wirklich das Fabelhafteste, was mir je begegnet ist«, bemerkte sie gegenüber Olivias und Alfies Eltern. »Wirklich zauberhaft!«

»Ach, das freut uns sehr!«, antworteten diese beglückt. »Die beiden sind unser Ein und Alles.«

»Nein, wirklich«, legte Oma Maple nach. »Ich könnte mir für meine Enkelin keine besseren Freunde wünschen. Man kann ihnen ja blind vertrauen.«

»Ach, danke!«, seufzte Mrs. Anderson und drückte stolz ihre Hand aufs Herz. »Wenn doch nur nicht überall so viel Gefahren lauern würden, nicht wahr?«

Oma Maple winkte ab. »Ach, *Gefahren!* Wir können uns auch an einem Keks verschlucken und tot umfallen. *Nothing is won unless risks are taken.*«

Mit diesem Tipp überreichte sie ihnen einen Teller mit Keksen und entließ sie an den Tisch.

»*Mhm!*«, stöhnten die Andersons, kaum dass sie in eine der Krümelköstlichkeiten gebissen hatten. »Sind die lecker.«

»Unglaublich lecker!«

»*Unglaublich* ist genau das richtige Stichwort«, sagte Olivia und zwinkerte Pia zu.

»Stimmt«, bestätigte ihr Bruder. »Wir würden nämlich gerne was mit euch besprechen.«

»Es gibt da was, was uns wirklich wichtig ist«, übernahm seine Schwester wieder, und Alfie setzte fort: »Ja, *unglaublich* wichtig sogar.«

Mrs. und Mr. Anderson hoben überrascht die Augenbrauen. »Was ist es denn? Ihr klingt ja so ernst«, bemerkte ihr Vater besorgt.

»Es ist doch hoffentlich nichts passiert?!«, fragte ihre Mutter erschrocken.

»Nein, nein«, beruhigte Olivia sie. »Wir würden nur gerne ...«

»... mehr mit unseren Freunden erleben«, schaltete sich Poppy ein. Ihre Beine hatten schon eine ganze Weile ungeduldig unter dem Tisch gebaumelt. Jetzt konnte sie nicht mehr an sich halten. »Wir sind alle hier, um das zu besprechen.«

»Ja«, übernahm Olivia schnell. »Denn wir sind ja jetzt schon ziemlich groß.«

Alfie nickte. »Und außerdem auch immer zu zweit.«

»Und?«, fragte Mr. Anderson.

»Na ja, da wäre es schön, wenn wir ein wenig mehr machen könnten, was *wir* wollen«, sagte Olivia. Alfie nickte. »Mehr draußen und alleine.«

»Alleine? Draußen?« Ihren Eltern klappte der Mund auf und wieder zu. »Aber, das ...«

Dies war der Moment, in dem sich Pia einschaltet. »Sie können Ihren Kindern wirklich vertrauen.

Olivia und Alfie sind nämlich echt schlau und wissen genau, was man tut und was lieber nicht. Sie sind da viel besser als ich.«

»Ja, und als ich auch«, pflichtete Poppy ihr bei.

»Ohne die beiden hätten wir neulich am Strand zum Beispiel niemals den kleinen Seelöwen retten können«, setzte Pia fort.

»Ihr habt einen Seelöwen gerettet???«, fragte Mrs. Anderson.

»Was für ein Seelöwe???«, wollte auch ihr Mann wissen. »Warum wissen wir denn nichts davon?«

»Weil er schon wieder zurück im Meer ist. Wir kamen gerade noch rechtzeitig«, erklärte Pia. »Aber wenn Olivia und Alfie mit ihren tollen Fähigkeiten nicht dabei gewesen wären, dann wäre Snoopy vielleicht nicht mehr am Leben.«

»Snoopy?« Mrs. und Mr. Anderson schauten entgeistert zu den Zwillingen. »Was habt ihr denn für ihn getan?«

»Wir …«, stammelte Alfie. »Na, ja, wir … da ihr uns mit so tollen GPS-Programmen ausgerüstet habt, konnten wir das *Mammal Center* informieren und ihnen unsere Koordinaten schicken.«

»Ja, so was kann mein Schrotthandy nämlich

nicht«, sagte Poppy. »Da sind Olivia und Alfie wirklich genial.«

Die Eltern schluckten gerührt. Man sah ihnen an, dass sie zwischen Stolz und Sorge schwankten. »Also, das ist ja … das ist ja jetzt …«

Weiter kamen sie nicht, denn da erschien Oma Maple mit einer weiteren Ladung Kekse. »Und hier kommen *Snoopys Rettungskekse*!«, verkündete sie. Die Plätzchen hatten tatsächlich exakt die Farbe von Snoopys Fell und die Schokoladenstückchen erinnerten an seine Knopfaugen. »Eure Rettungskekse werden die Krönung meines Backbuchs sein.«

»Was? Das ist ja … Ui«, staunten Olivias und Alfies Eltern. »Unsere Kinder hinterlassen Spuren in einem Backbuch?!«

»Oh, ja«, bestätigte Pias Großmutter. »In jeder Hinsicht, denn die Hälfte der Rezepte haben die beiden ausgewählt.«

Die Zwillinge blickten mit roten Wangen zu Boden. So viel Aufmerksamkeit und Komplimente waren sie nicht gewohnt.

Poppy nutzte die Chance und legte kurzerhand zwei der Plätzchen auf Mrs. und Mr. Anderson Tellern ab. »So, und die müssen Sie jetzt probieren, denn das sind echte Zauberkekse«, erklärte sie bestimmt. »Die machen nicht nur glücklich, sondern nehmen einem auch alle Angst. Da kann man sogar mal seine Kinder aus den Augen verlieren. Probieren Sie selbst.«

Olivias und Alfies Eltern blickten sie überrumpelt an.

Poppy Williams! Pias Blick schnellte zu den Zwillingen.

Oh, no, schienen auch die zu denken, denn sie pressten erschrocken die Lippen zusammen.

Doch im nächsten Augenblick lehnten sich ihre Eltern vor und griffen zu. »Na, das klingt doch ziemlich vielversprechend«, sagte Mrs. Anderson, und ihr Mann setzte mit vollem Mund nach: »Olladöngs!«

Pia lächelte sich an diesem Abend im Badezimmerspiegel beim Zähneputzen zu.

Wie gut, dass ich noch genug Zeit übrig hab, dachte sie aufgekratzt. *Es gibt noch so viele Dinge, die ich mit Poppy, Olivia und Alfie erleben will.*

»Hey, das war nicht lange genug«, beschwerte sich

Looky, als sie ihre Zahnbürste wegstellte. »Drei Minuten, sonst gibt's Mundgeruch und verfaulte Küsse!«

»Ich dreh dir gleich den Strom ab«, warnte Pia ihn lachend. »Oder ich sag meinem Vater und dem Professor, dass sie dich doch umprogrammieren sollen.«

»Tut mir leid, Pia, aber heute steht bei dir nichts mehr auf dem Programm. Soll ich etwas hinzufügen?«

Pia überlegte kurz. Dann fiel ihr etwas ein: »Ja, bitte, Looky. Schick ein Bild von mir an die *Sandmöven* und schreib, dass ich sie vermisse und tausend liebe Grüße schicke.«

»Ist so gut wie erledigt.« Auf der Glasfläche erschien in Sekundenschnelle die von ihr gewünschte Nachricht, und das Geräusch eines wegfliegenden Flugzeugs ertönte.

»SMS verschickt«, vermeldete Looky.

»Danke«, sagte Pia.

Offensichtlich musste sie dem Spiegel nur etwas zu tun geben, damit er richtig funktionierte.

Sie wollte sich gerade abwenden und das Bad verlassen, da kam ihr eine weitere Idee.

»Und jetzt schick bitte noch eine SMS an *Die Unglaublichen: Heute um Mitternacht bei mir. Bitte durchs Fenster kommen. Überraschungsparty und Planung, was wir morgen machen.*«

Sie grinste breit.

»Wird gemacht, Pia. Gute Nacht!«

Snoopys Rettungskekse

Zutaten

- 240 g Erdnussbutter
- 160 g Ahornsirup
- 4 Esslöffel geschmolzenes Kokosöl
- 1 großes Ei
- 1 Teelöffel Vanilleextrakt
- 1,5 Teelöffel Backpulver
- 1/2 Teelöffel Salz
- 90 g Hafermehl (Haferflocken gemahlen)
- 120 g feine Haferflocken
- 240 g Schokoladenstückchen

Zubereitung

* Stelle den Herd auf 175 Grad ein.
* Mische zunächst die Erdnussbutter mit dem Ahornsirup in einer Schüssel. Füge dann das Kokosöl hinzu.
* Schlage das Ei in einer kleinen Schale und füge es hinzu. Verrühre dann alles mit einem Mixer so lange, bis es eine gleichmäßige Masse ergibt.
* Vermische in einer anderen Schüssel das Backpulver mit dem Vanilleextrakt, Salz, Mehl, den Haferflocken und Schokoladenstückchen gleichmäßig.
* Füge die Mehl-Mischung nun zur Butter-Mischung hinzu und rühre alles gut um.
* Belege zwei Backbleche mit Backpapier und setze esslöffelgroße Teigkleckse darauf.
  Wenn es Haufen sind, dann drücke sie mit dem Löffel noch etwas platt.
* Du kannst die Backbleche beide in den Ofen schieben. Wechsle das untere mit dem oberen nach 6 Minuten.
* Nach insgesamt ca. 12 Minuten, wenn sie einen goldbraunen Rand bekommen, sind die Kekse fertig.
* Lass sie auf einem Rost abkühlen.
  Dann genieße.

Die Autorin

Katharina Reschke war lange als Dozentin und Scriptconsultant für Drehbuch tätig. Seit vielen Jahren arbeitet sie als freie Drehbuch- und Buchautorin und lebt in Berlin und San Francisco. Sie schreibt Romane für Kinder und Erwachsene sowie Drehbücher für Fernsehfilme, Serien und Kinofilme (u. a. »Hanni und Nanni« und »Das Sandmännchen – Abenteuer im Traumland«). Für ihre Arbeit wurde sie bereits mehrfach ausgezeichnet. Ihr Kinderbuch »Roxy Sauerteig – Das 4. Obergeheimnis links« sowie »Träume sind wie wilde Tiger« werden gerade für die große Leinwand vorbereitet.

Die Illustratorin

Anne-Kathrin Behl, 1983 geboren, wuchs als Tochter einer Buchhändlerin und eines Försters in Greifswald auf. Sie studierte an der HAW in Hamburg Illustration, und ihre Bücher wurden unter anderem mit dem Prix Chronos de Littérature ausgezeichnet und im Rahmen des Österreichischen Kinder- und Jugendbuchpreises in die Kollektion der schönsten Kinderbücher aufgenommen. Für Kinder organisiert sie kreative Workshops, für Erwachsene singt sie mit der Gruppe »teewurst« Lieder mit viel Humor. Sie lebt mit ihrer Familie in Celle.

Mehr zu cbj auf Instagram unter @cbjverlag

Katharina Reschke

Pia & Poppy
und der verschwundene Professor

208 Seiten, ISBN 978-3-570-17688-7

Als Pia Blau erfährt, dass es diesen Sommer statt an ihre geliebte Ostsee nach San Francisco geht, fällt sie aus allen Wolken. Pia ist entschlossen, die fremde Stadt doof zu finden, doch die bunte Metropole am Meer gefällt ihr viel besser als erwartet. Das liegt sowohl an Oma Maples tollem Keksladen als auch an der verrückten Villa Futura, in der sie mit ihren Eltern wohnt. Die größte Überraschung aber ist Poppy Williams – dieses außergewöhnliche Mädchen, das plötzlich barfuß in ihrem Zimmer auftaucht und Pia in null Komma nichts in das Abenteuer ihres Lebens zieht.

10439

cbj

www.cbj-verlag.de